关系掌控

4种性格识人术，快速掌控沟通主动权

[美] 格雷琴 · 鲁宾 / 著
（Gretchen Rubin）

岱冈 / 译

中信出版集团 | 北京

图书在版编目（CIP）数据

掌控关系 / (美) 格雷琴 · 鲁宾著 ; 岱冈译 . -- 北京 : 中信出版社, 2019.1 (2019.6重印)
书名原文：The Four Tendencies
ISBN 978-7-5086-9845-8

I. ①掌… II. ①格… ②岱… Ⅲ . ①性格—通俗读物 Ⅳ . ① B848.6-49

中国版本图书馆 CIP 数据核字 (2018) 第 281451 号

掌控关系

著　　者：[美] 格雷琴 · 鲁宾
译　　者：岱冈
出版发行：中信出版集团股份有限公司
（北京市朝阳区惠新东街甲 4 号富盛大厦 2 座　邮编　100029）
承 印 者：北京诚信伟业印刷有限公司

开　　本：880mm × 1230mm　1/32　　印　　张：8.5　　字　　数：194 千字
版　　次：2019 年 1 月第 1 版　　印　　次：2019 年 6 月第 4 次印刷
京权图字：01-2018-5766　　广告经营许可证：京朝工商广字第 8087 号
书　　号：ISBN 978-7-5086-9845-8
定　　价：58.00 元

名人推荐

知行合一的自我认知是成长与幸福的最伟大的预言者。格雷琴·鲁宾给予了你工具，使你不仅能认识自己和他人，也能学会如何运用这种认知。《掌控关系》观察犀利，贴近实际，所讲述的情况至关重要，它将帮助你扫清前行路上的最大障碍，直达幸福与成功。

——肖恩·阿克尔（Shawn Achor，支持者）

《幸福优势及幸福之前》作者

格雷琴·鲁宾发现了有助于我们理解自我及他人的新理论。当我们了解了自己的性格趋向时，我们就能够更有效地管理自己，更快地实现预定的目标，还能够帮助其他人也做到这一点。作为 20 年来一直致力于人的习惯、上瘾及改变的研究的学者，看到《掌控关系》时我很兴奋。《掌控关系》不仅通俗易懂，而且颇有分量，是一切有志于让生活更美好的人们手中的利器。我将这一理论运用于自己的临床实践中，帮助人们了解了他们的性格趋向，进而改变其行为方式，譬如压力窘迫和情绪性进食。

——贾德森·布鲁尔（Judson Brewer，怀疑者）

医学博士、哲学博士及马萨诸塞大学医学院内科及精神科副教授

《渴望的心灵》作者

格雷琴·鲁宾开创性的四种趋向理论简单明了，但却是经过深入研究后的有力工具，可以帮助我们更好地了解自己的性格，驾驭我们的性格的力量并克服其缺点。格雷琴将这一体现她独有的睿智和洞察力的工具交给我们，使我们能够以最适合自己的方式去创造所向往的生活。这一工具有何惊人之处？一旦你清楚了这四种趋向，便会发现它们无处不在。

——苏珊·戴维（Susan David，支持者）

哲学博士，教练技术学院共同创办人

《情绪敏捷》作者

如果你想要对自己的生活做出改变，那你就需要格雷琴·鲁宾。她的理论新颖、真实，具有革命性。无论你是想要身体更健美，工作更潇洒，还是形象更清丽，她都能教你如何不费吹灰之力搞定你的习惯。本叛逆者现在觉睡得更香，电邮删得更爽，人更是轻了 18 千克，我永远感激她。

——韦夫·格罗斯科普（Viv Groskop，叛逆者）

记者兼喜剧演员

我喜欢格雷琴·鲁宾，她使我了解了自己和身边的人。

——凯茜·任圣布林克（Cathy Rentzenbrink，守义者）

《爱的最后一幕》作者

目 录

第一部分
四种性格趋向

第二部分
支持者：
纪律就是我的自由

第三部分
怀疑者：
说服我，我就服从

第四部分
守义者：
服务他人即服务自己

第五部分
叛逆者：
你左右不了我，我自己也不行

第六部分
四种趋向的实战应用

第一部分 四种性格趋向

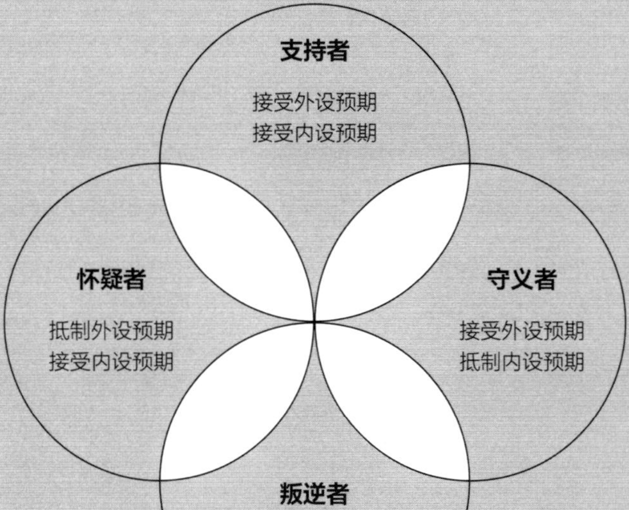
支持者
接受外设预期
接受内设预期
怀疑者
抵制外设预期
接受内设预期
守义者
接受外设预期
抵制内设预期
叛逆者
抵制外设预期
抵制内设预期

第一章

看清自己，读懂他人

在那个狂风大作的冬日下午，当我穿过大西洋烧烤店的大门时，我完全没有意识到，我正在走向一生中意义非凡的一次交谈。

我大口啃着芝士汉堡包，我的朋友却有一口没一口地叉着沙拉吃，她说了一句话，让我许多年后都难以忘怀。当时她不经意地随口说道："我老想养成跑步的习惯，但就是做不到，真烦人。"接着，她又补了一句至关重要的结语："那会儿在高中的田径场上，我可是从来也没落过一次训练，为啥现在就跑不了步了呢？"

"为啥？"我问。

"你还不知道吗，要挤出点儿时间真是太难啦。"

"嗯。"

我们开始谈论起一些别的话题，但直到道别之后，我还在思考着我们之间的谈话内容，大脑根本就停不下来。她人还是当年读高中时的那个人，现在也只是想要做与当年同样的运动。过去，她一直都能坚持跑步，可现在却做不到了。为什么？是因为年龄大了，缺乏动力？家庭拖累？环境不允许？没有团队氛围？还是别的什么？

她认为大家在“挤时间”这个问题上都存在困难。但其实，我想要安排出时间来还真是没什么困难。我和她怎么就不一样呢？

随后我花了好几年的时间来解答这个疑惑。

预期应对：4 种人性的本源

人们都说，世界上有两类人，一类是把世界分为两类人的人，另一类就是不把世界分为两类人的人。

我肯定属于第一类人。我对人类的本性怀有极大的兴趣，我一直在探求能够厘清我们做什么以及为什么要做的不同方法。

多年来，我一直在研究幸福和习惯这两个主题。对于我来说，有一点是显而易见的，那就是世界上根本就不存在什么能够帮人们建立更加幸福、更加健康，也更有作为的人生的无所不能的唯一妙法。不同的策略适合不同的人。事实上，对某人起作用的方法，对其他人或许就适得其反。对有些人而言，彻底戒绝某种强烈的诱惑可能会活得更好；而对另一些人来说，适度地沉湎于某些事物才更有利。有些人热衷简朴，而有些人则喜欢奢华。

事情远不止于此。在思考朋友关于她养不成跑步的习惯的说法时，我感到，在“夜猫子”与“早起鸟”这两类人表面的不同之下，还深深地存在着塑造出人类本性的某种基底差异，既深刻，又强烈和明显，然而我却视而不见。

为了找出那些曾被我忽略的东西，我在自己的网络主页上贴出了一些问题，请求读者回答，其中包括：“你觉得制定新年规划如何？”“你遵守交通法规吗？为什么遵守或者为什么不遵守？”“你会纯粹为了好玩儿而去上一堂课吗？”读者的回复纷至沓来，我发现在这些五花八门的答案里，贯穿着几个不同的模式。说来简直有些诡异，根据答案你以可把他们归为几类，而每一类人仿佛都事先约好了，回答如出一辙。

例如，关于制定新年规划的问题，有一类人给出的答案几乎完全一致："如果新年规划有用，我会照例去做，但我不会从元旦这一天开始，因为 1 月 1 日这个日期太具有强制性了。”他们都用了“强制”一词，为此我感到颇为惊奇，因为 1 月 1 日这个日期对我从来都不是问题。可是这些人给出的答案却全都一样，他们到底有什么共同之处呢？

还有很多人这样回答："我再也不做新年规划了，因为从来也没能完成过，我总是找不到时间去实施。”

甚至还有人这么说："我从来也不做什么新年规划，我可不想捆住自己的手脚。”

这里面存在某种有意义的规律，我非常明白这一点，但我就是还不清楚它是什么。

苦思数月，我有了“发现新大陆”般的顿悟。我当时坐在家中办公室的桌旁，恰好瞥了一眼我手写的凌乱的待办清单，我的心突然被触动了。就是这个简单而又关键的问题："你如何应对预期（目标）？”

我终于发现它啦！

我找到了解开谜题的钥匙。我感到惊喜若狂，就好像当初阿基米德跨出浴缸时那样。我静静地坐在那儿，大脑飞速地思考着与“预期”相关的问题。

我当时抓住了一点，即我们大家都面临两大类预期：

- **外设预期**——外人加诸我们的预期，就像按规定时限完成一项工作。
- **内设预期**——我们加诸自身的预期，就像执行新年规划。

我的核心感悟是，根据一个人应对外设及内设预期的表现，就可以将他归于以下四种不同类型中的某一种：

支持者——无论是外设预期还是内设预期，都一样乐于应对。

怀疑者——质疑所有的预期，只有当确信一项预期合乎情理时，才会去达成，因此他们实际上只应对内设预期。

守义者——乐于应对外设预期，但还是奋力完成内设预期。

叛逆者——抵制一切预期，无论是外设的还是内设的。

事情就是这么简单。只需用一个直截了当的问题，所有人的本性都可以在这四种分类中找到对应的位置。

现在，我明白我的朋友为什么养不成跑步的习惯了：她是一位守义者。当队友和教练对她有所期待时，她展现自我毫无问题；而当她面对自己的内设预期时，她就纠结了。我也读懂了那些关于新年规划的千篇一律的评语。

四种趋向的理论架构澄清了我所认知的那些突出的行为模式，使我现在能够解释人人都能看到，但却无人予以关注的那些现象。

我将这个完整的体系勾画在一张纸上，呈现为 4 个对称且交互重叠的圆。我的这一架构展示出蕨类叶子或鹦鹉螺似的优雅。我真心觉得我揭示了一条自然规律——人的本性。

或许还可以说，我创建了一顶麻瓜[①]分类帽。

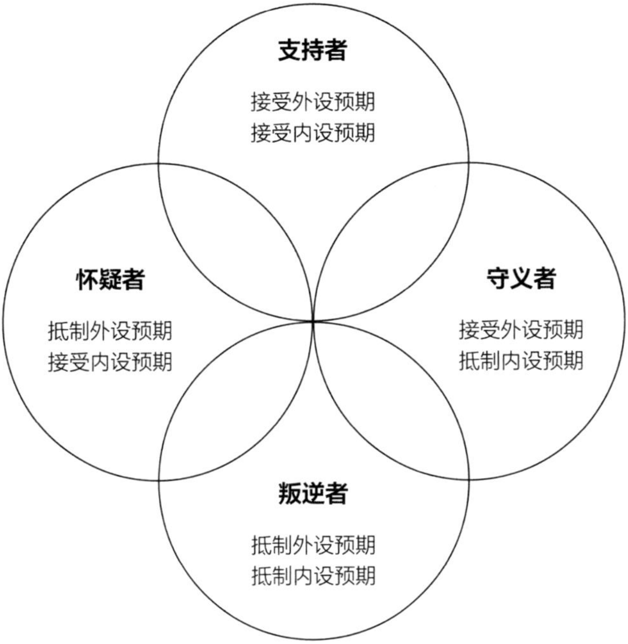

认清了这个架构后，我就立即着手加深我的理解。“四种趋向的策略”成为《比从前更好》[②]（*Better Than Before*）的第一章，那是我写的

---

① 麻瓜，J.K. 罗琳在其作品《哈利 · 波特》中所创作，表示非魔法人类，也就是日常生活中的普通人。——编者注

② 《比从前更好》中文版已由中信出版社于 2016 年出版。——编者注

一本关于改变习惯的书。我同时也在我的个人主页（gretchenrubin.com）上发帖，阐述四种趋向；我还和妹妹兼共同主播伊丽莎白·克拉夫特一起，每周做一期关于四种趋向的博客节目——《格雷琴·鲁宾教你更快乐》。每当我讨论四种趋向理论时，无论是读者还是听众都会纷纷与我互动。

大多数人都能够通过一段简单的描述来辨别他们的性格趋向，但对于那些心中没底或希望自己的回答被分析出来的人，我设计了一份问卷。成千上万的人都做过这个关于四种趋向的问卷，这份问卷在本书第二章或者 happiercast.com/quiz 网页都能找到。人们对于问卷的回答，以及我们所做的开放式的自由反馈，都给了我更多的启发。（我注意到一点，人们的性格趋向往往会影响他们做这份答卷的意愿。怀疑者会问："我为什么要花费时间和精力来做这份问卷呢？"而叛逆者则会想："是你叫我做这份问卷的吗？呵，我才不做呢。"）

为了测试关于四种趋向的观察结果，我决定就这一理论架构进行一次全国性的典型性抽样调查，我检测了地域分布广泛的一群不同性别、不同年龄和不同收入的美国成年人。[1]

我最重要的发现是什么？那就是四种趋向之间的比例。守义者占40%，名列第一；怀疑者位居第二，占24%；有叛逆者趋向的成员最少，占17%——这一比例高得令人吃惊；我本人是支持者，这一类占19%。此项研究还证实了我的许多观察结论。例如，在考虑新年规划时，支持者最有可能动手去做；而叛逆者讨厌去做；怀疑者会在他们认为合适的时候去做，而不是等着哪个规定的日子；守义者则常常彻底放弃制定规划，因为过去的规划曾让他们苦苦挣扎。

在对这一架构进行优化时，我甚至给每一种趋向都添加了不同的颜色，这是借鉴了交通红绿灯模式的结果。黄色代表怀疑者，因为就好似黄色信号灯提醒我们要“等一下”，以决定是否继续前行，而在达成一项预期之前，怀疑者总是会问“等等，为什么”；绿色代表守义者，他们会随时准备好“前行”；红色代表叛逆者，他们极有可能“停下”或表示拒绝；鉴于交通信号灯没有第四种颜色，我就为支持者挑选了蓝色，似乎也很合适。

我对四种趋向研究得越多，就越能了解它们的巨大影响力。

在我们深入思考四种趋向的时候，我们就能够更好地理解我们自己。这种思考对自身的了解是至关重要的，因为只有在认清自己的本性、自己的兴趣和自己的价值观的基础之上，我们才能够建立起幸福的生活。

同样重要的是，在我们深入思考四种趋向时，我们也能够更好地理解别人。当我们认清了别人的性格趋向时，我们就能更加有效地与之生活和工作在一起，譬如同事与老板、老师与教练、丈夫与妻子、父母与孩子、医护人员与病人。

对四种趋向的理解，使得我们对于这个世界的理解更加丰富。

个性决定行为

四种趋向与生俱来，并不是受到出生先后、养育风格、宗教养成或不同性别影响的结果。它们与一个人的性格是外向还是内向没有必然的联系，也不会因为我们在家，在工作，或是和朋友们在一起，而发生变化。它们也不会随着我们年龄的增长而改变，我们是随身带着它们来到这个世界的。

大多数人确实可以直接被归类为四种趋向中的某一种，这在某种程度上让我感到惊讶。尽管有时我们很难辨识儿童的性格趋向（比如，我就仍然无法辨识出我几个女儿的性格趋向）；但就成年人而言，我们可以很清楚地将之归类为某种性格趋向，而这种趋向从根本上塑造了我们的观念和行为方式。除非历经大难不死、性格重塑般的磨难——那种濒死的、病入膏肓的、毒瘾发作般的经历，否则我们的性格趋向是不会改变的。

然而，由于各方面条件的不同，对于我们在人世间的拼搏，我们的性格趋向所给予的帮助可能少也可能多。

另外，即使是同属一种性格趋向的人们，他们当中也存在众多完全不同的个性。撇开性格趋向不论，有些人可能比别人更有思想，更有雄心，更有学识，更能自控，更有魅力，更加善良，更加好学，更有精力，或者更具冒险精神。这些个性品质戏剧性地影响着他们性格趋向的表达。一个有雄心壮志的叛逆者如果想成为受人尊敬的商界领袖，其行为表现就会迥异于另一个对创业成功无所谓的叛逆者。

人们经常争辩说，他们的性格趋向是多种类型混合的。他们告诉我，“我是守义者和支持者”，或者“根据我所处的地方或者与我相处的人的不同，我的性格趋向也会发生变化”。这听起来似乎有些道理，但我必须说，只消再多问几个问题，这个人就必然被归于一种趋向，几乎无一例外。

诚然，正如在“性格趋向中的变量”的相关章节中所讨论的那样，人们经常会往与自己所属的趋向发生交叠的那个趋向“跳帮”，但不管怎样，他们都还是只能归属于一个核心趋向。

当然，无论我们的根本趋向是什么，我们每个人身上都会带有一小部分支持者、怀疑者、守义者和叛逆者的性格特征，这也是事实。

我们所有人都会达成某项预期，因为我们不想承担由于忽略它而带来的后果。叛逆者在多次被罚巨款之后也会系上安全带。

我们所有人也都会问，我们为什么一定要达成某项预期；或者也会被低效率所激怒；又或者拒绝做一些看起来带有强制性的事情。

我们所有人也都会达成某些预期，因为这些预期对别的一些人非常重要。最坚定的支持者也会牺牲他星期一上午的例会，而去照顾还在术后恢复之中的孩子。

无论我们的性格趋向是什么，我们大家同样都有自己做主的欲望。我们更愿意做别人恳请而非命令我们做的事，一旦被别人控制的感觉变得太过强烈，也许就会产生“反制”情绪，我们就会拒绝某些凭经验就知道会威胁到我们的自由和选择能力的事。

当我在一次研讨会上描述完四种趋向之后，有个人走上前来对我说：“我认为，每个人都应该被允许以任何时速驾驶，只要他自己认为是安全的。那我一定是个怀疑者吧！”

我笑了，事情并非那么简单，你不能说“我才不理什么限速呢，我是一个怀疑者”，或者“我不要洗盘子，所以我是一个叛逆者”，又或者“我喜欢待办清单，因此我是一个支持者”。要辨别我们的性格趋向，我们就必须思考我们行为的许多范例，以及采取这些行为的理由。例如，一个支持者和一个叛逆者可能都会拒绝一项预期，但支持者想的是，“我不做是因为做这件事没有意义”，而叛逆者想的却是“我不做是因为你不能命令我做什么”。

据我研究所知，尽管四种趋向都各有各的难缠之处，但守义者及叛逆者这两种趋向最具挑战性，无论是对于属于这两种趋向的人而言，还是对于其他同他们打交道的人而言，都是如此（这也就是为什么本书有关守义者和叛逆者的章节比支持者和怀疑者的章节更长的原因）。

许多人都试图勾勒出四种趋向不同于其他性格理论的架构，诸如“五大性格特性”“优势识别法”“性格形态学”“布里格斯性格分类法”“ VIA”，甚至还包括霍格维茨的“四所分院”。

任何有助于更好地理解人类本性的理论都令我着迷，但我认为，试图将“此”直接等同于“彼”的说法是错误的。每一种理论架构都掌握了某种见解，而如果这些架构都完全被弃之不用的话，那么这种见解也就失去了意义。没有任何单一的理论体系能够穷尽人类本性的深刻性和多样性。

我还认为，许多研究性格的理论都在各自的分类中塞入了过多的其他成分。相比之下，四种趋向理论就仅仅描述了人性格中一个狭窄但又至关重要的方面，而且就算人的性格再多面，能使某人成为此人的也仍然只能是其中的一种。四种趋向理论诠释了“我们为什么行动”及“我们为什么不行动”。

克服弱点，掌控自我

在描述四种性格趋向时，我有时会得到一种印象，即人们似乎都试图找到那个“最好的”趋向，然后将自己对号入座。事实上，并不存在什么最好的或者最差的趋向。有些人之所以成为最幸福、最健康也最有作为的人，往往并非因为其具备某一种性格趋向，相反，是由于他们找到了能够驾驭这种性格趋向的力量的方法，从而克服自身弱点，建立起完全适合他们自己的人生。

借助智慧、经验，以及通过四种趋向理论所获得的对自身的了解，我们就能够更富有成效地利用时间，做出更加正确的决策，减少压力之苦，也使得生活更健康，同时与别人打交道也更有效率。

如果我们不理解我们在四种趋向中的归属，那么，我们也许就不能对某一特定处境的各种因素进行精准分析，而这一处境恰恰有可能使我们成功，也有可能使我们失败。例如，一位文稿代理人就告诉我："我给一位记者做代理，他在一家报社干得非常出色，及时交稿根本不是事儿。但是，他现在从报社离职了，开始自己写书，结果就'文思闭塞'了。"

"我敢说他并非'文思闭塞'，他或许就是一个守义者。"我说，"当他必须频繁地完成限时限刻的报道时，他一点儿问题都没有。但是在离交稿时限还很早，又没人督促的情况下，他就无法按时干活儿了。他应该请他的责编每周都过问一下进度，要么就加入一个作者团体，或者你让他每个月都交一定量的成稿给你。反正就是要有点外部监督的机制。"

另外，如果我们不了解四种趋向理论，也许就会对人们改变自我产生不切实际的假想。有一位女士这样写道："我的丈夫是一个叛逆者。一想到这就是他的性格，而且永远也不会改变，我就感到十分沮丧。有没有这种可能，叛逆者只是一个还没有'长大'的人，他也能意识到世界不是他'乐意'怎样就会怎样的？而且最终他也能改变他的态度？"我不想直言不讳，但我认为他不会改变。

人们经常问我："你的性格趋向会决定你的职业选择吗？"每一种性格趋向都能在几乎所有的职业中找到与之相适合的工作，但思考职业与性格趋向之间如何相互影响还是很有趣的。例如，我认识一位职业驯狗师，他是一位支持者，于是他就把支持者的精神带到了工作中。但是，我完全可以想象，那些怀疑者、守义者和叛逆者也同样会这么做。

任何性格趋向的人都有可能从事任何职业，然而，这并不意味着他们就应该从事这个职业。为什么有的职业能让我们更享受，而别的职业就差一些，四种趋向理论能帮助我们理解这其中的奥秘。有位读者写道：“我终于明白我为什么讨厌自己的工作了。我是一个百分之百的怀疑者，同时也是一个税务会计。我不介意继续同那些具体的细则打交道，但那些其实都是一大堆毫无意义的随意规定，这一直是我在事业上获得成功和幸福的主要障碍。”

了解了自己的性格趋向，就能使我们对自己抱有更多源于认知的同情：“哎，我就是这种人，我本身没错啊。我能将它发挥到极致。”正如一位支持者所写：“父母过去总是要我轻松些，我已故的丈夫也曾一直要我轻松些，现在又是我女儿要我轻松些。现在我明白了，只有当我按照自己设定的规矩做事，我才会感到更开心。”

一位叛逆者解释说：

> 认清我是一个叛逆者之后，一下子就揭开了为何我多年接受的治疗都失败的谜底。我们分析了我缺乏自律的情况，尝试并抛弃了一些适得其反的技巧（如督责）。这不是因为那些技巧对叛逆者无效，而是因为我们被告知（并且经常会相信）我们自身有非常严重的问题。不然的话，难道一个动手能力奇高、非常成功的成年人，还会为支付账单、完成项目，或者把任何

事做到底而纠结吗？谁会为了达成每个人甚至我们自己的预期而苦苦挣扎？这不仅不正常，而且在当今世界，听上去简直就是病态。但你的理论却让我们放心，事情其实并非如此。它让人感到释然，因为其着眼点在于什么对我有用，而不是我有什么问题。

一位守义者这样解释道：

作为一名写手，我曾经为自己凡是私人的事都不能按时完成而苦苦挣扎过，然而我从来都是准时向上司交稿的、有责任心的员工。我用了好多词来形容这个性格趋向：懒惰、没有责任心、穿着大人衣服的小孩，以及许多别的过不了你的电邮过滤系统的词。由于你给这种趋向取了一个新的名字——守义者，也给了我一个接受自己的途径。现在我可以把自我厌恶放在一边，而专心于想出各种小妙招来让自己做事情。这使得我的工作成效大大提高，但更重要的是，我的幸福感也更强了。

当我们认清了自己的性格趋向，就可以努力扭转不利局面，从而极大提升成功的概率。要改变我们的本性几乎不可能，但用一种与个人性格趋向相适宜的方式来改变我们所处的环境却还是比较容易的，且无论你是努力获取更清晰的真相、更公正的待遇、更完备的责任制，还是更大的自由度。对于个人趋向的清醒认识，能使我们营造出有利于自身发展的环境。

认清性格才能有效沟通

一方面，当我们了解了他人的性格趋向，我们就会对他们更加宽容。首先，我们知道某人的行为并不是针对我们个人的。怀疑者提出问题也并非要拆上司的台，或是要挑战教授的权威；怀疑者就是喜欢提问题。有位读者写道：“过去7年，我一直和一个叛逆者生活在一起。现在我明白了，他的那些行为对他来说是再自然不过的，就好像我的行为对我这个守义者来说也是很自然的一样。知道了这些，我心里好受多了。”

其次，了解了别人的性格趋向，我们就可以更容易地说服他们、鼓励他们，也可以避免冲突。如果我们不考虑别人的性格趋向，我们说的话也许就没有说服力，甚至还可能适得其反。其实，要想达到沟通的目的，我们的语言就必须恰当、得体，说那些话不是为了能打动我们，而是要能说服听者。如果兼顾了四种趋向，我们就能够精准地调整用语，恰如其分地适应不同的价值观。

另一方面，每当我们疏忽了四种趋向，我们就减少了自己成功的概率。支持者越是给叛逆者讲大道理，叛逆者就越是不爱听。怀疑者也许能为守义者的某项行动找出好几条漂亮的理由，可对于守义者而言，这些逻辑缜密的理由的作用不大，外部的监督才是关键。

有位读者给我发来下面这份有关电灯泡的搞笑问答，很好地揭示了四种趋向的区别：

> 你是怎么让一位支持者换灯泡的？
>
> 答：他已经换好了。

你是怎么让一位怀疑者换灯泡的？

答：我们为什么需要那个灯泡呢？

你是怎么让一位守义者换灯泡的？

答：直接请他换。

你是怎么让一位叛逆者换灯泡的？

答：还是你自己换吧。

有位具备怀疑者趋向的营养学家告诉我："我的目标就是要改良美国人的饮食方式。我正在写一本书，讲的就是文化体系和经济制度如何影响人们的饮食方式。"她非常肯定地认为，如果她这本书的观点表达得具有很强的逻辑性，那么全国的民众应该会改变饮食习惯。

但是，要想与他人进行有效沟通，我们就得按照他人的性格趋向去接近他，而非顺着我们自己的性格趋向来。这一点千真万确，对谁都百试不爽。无论医生、教授、教练员、老板、配偶、父母、搭档、老师、邻居，还是各行各业的人们，要想按照自己的意愿去说服别人，就得这么做。换言之，这对于我们所有人都是真理。

即便你讲的话对广泛的听众都起作用，但有可能的话，还是应该有的放矢地用话语引起不同的人的共鸣。某日下午，我出席了一个商务会议并发表了关于四种趋向的演讲，当时我听到一个颇有创意的例子。在向听众介绍我之前，这个团体的负责人用了相当长的篇幅，向与会者解释接下去准时抵达正确的场地出席该周末会议的其他议程的重要性。

演讲结束后，我很高兴听到他解释他是如何针对不同的人做提醒的。他说："对支持者，要提前感谢你们准时到场；对怀疑者，我会给你们一大堆准时在所有会议上露面的理由；对你们守义者，我会关注你们，我相信你们一定会准时出现；至于叛逆者，你要先来了才好反对呀。"太准确啦！

就具有不同的性格趋向的人而言，我们字斟句酌的选择会产生迥然不同的反响。如果你问一个叛逆者型的儿童："你现在想弹钢琴吗？"他可能会回应得更好些。而对于支持者型的儿童，你如果提醒他说，"练习钢琴的时间到了"，他一定会很乐意练琴。

在保健方面，人们不按医嘱去做往往会付出巨大的代价。不健康的饮食、缺少运动、酗酒、胡乱吃药，以及吸烟，这些都是美国人最主要的致病和致死原因，而所有这些行为都是可以由人的意志进行控制的。如果将人们各自的性格趋向纳入考量范围，我们就更有把握成功地说服他们减少糖的摄入量，坚持 20 分钟的步行，进行恢复性训练，戒掉酒瘾或开始药物治疗。

但别忘了还有一点很重要，那就是四种趋向理论有助于我们更加深刻地了解自己，而不是限制我们的认同感或者可能的选择。有些人说："一旦界定了自我，就会处处限制自己的行为。"我倒认为自我界定体系很有帮助，因为其作用就在于它是自我认知的起点。四种趋向理论并不是要做束缚我们成长的桎梏，也不是要做什么身份标签来决定与我们有关的一切，相反，它是能照亮我们本性中那些隐蔽侧面的聚光灯。

当我们懂得了自己，也明白了性格趋向是如何塑造我们对于世界的看法时，我们就能够改造我们所处的环境，使之适应自己的本性；而当我们了解了别人的性格趋向是如何塑造他们的世界观时，我们就能够更加有效地与他们相处。

四种趋向理论使我们明白，哪怕是用词上的微妙转变，抑或是一次快速的谈话，又或是程序上的丁点儿变化，都足以改变一个人行事的整个过程。而这点才是至关重要的。如果这位病人有规律地服用降压药，他将活得更长。如果这位学生完成其教授所布置的作业，她的这门功课就不会考砸。如果这对夫妻相互间和声细语，他们的婚姻就将继续下去。而如果我周末不再往外发工作邮件，我就不会惹恼那些与我一起工作的人。

人生每天都要面对的众多挑战之一就是："我怎样才能让人（包括我自己）按照我想要的去做呢？"而四种趋向理论让这一任务的完成变得更容易。

第二章

性格13问：测测你是哪类人

人生在世，在面临的所有任务当中，数教育和性格管理最为重要，而且……我们有必要对自己的性格趋向做一项冷静且细致的分析，从而不为只见优点不见缺点的自欺欺人所蒙蔽，也不为永不承认自身实力的妄自菲薄所困扰。我们必须避免陷入认为人对自己的本性无能为力的宿命论之中，相反，我们必须清楚地认识到人的这种能力是无限的。

——威廉·爱德华·哈特波尔·莱基（William Edward Hartpole Lecky）《人生的地图》

为了辨识你的性格趋向，你可以做下面这份问卷或进入网址happiercast.com/quiz查阅。

在回答问卷时，请选择总体上符合你实际情况的答案，不要刻意找些例外或只局限于你生活的某一方面。

即便有两种趋向的分数完全一样，也并不意味着你的性格是这两种趋向的混合体，选择其中对你的描述更准确的一种即可。

你是自己最好的评判员。如果你认为另有一种趋向更像你，那就相信你自己吧。

1. 你是否执行过不必向任何人负责的那种新年规划，比如，要喝更多的水，或是坚持订阅一份杂志？

a. 是。我善于坚持完成新年规划，即使是除了我自己没人知道的那种。

b. 我善于坚持完成规划，但只是什么时候觉得合适就什么时候去做。我不会专门等到新年，元旦是一个太刻意的日期。

c. 我做不好这一类规划，所以我也不愿意去制订。每当我只是为自己努力时，我就常常很纠结。

d. 否。我最讨厌束缚自己，不管什么方面。

2. 以下哪一种表述最能反映你对待自我承诺的态度？

a. 我只在确信这样做的确非常有意义时，才会向自己做出一项承诺。

b. 如果有别人从旁监督，我就会完成自己的承诺；但如果除了我没有人知道，我就会很纠结。

c. 我尽可能不去束缚自己。

d. 我把对自己的承诺看得和对别人的承诺一样重。

3. 有时，由于自己的原因，我们会感到沮丧。最有可能让你感到沮丧的原因是……

a. 我始终有一种想要了解更多情况的欲望，而这搞得我筋疲力尽。

b. 一旦有人期望我做什么，我立刻就不愿意做了。

c. 我能为别人花时间，但却不能为自己花时间。

d. 即便我想这么做，我也不会中断日常的习惯，或是打破规律。

4. 如果你过去养成了一种健康的习惯，那么是什么使你一直坚持下来的？

a. 我觉得坚持习惯其实很容易，哪怕没有一个人在意也一样。

b. 我对自己坚持习惯的理由和方式进行过大量的研究和个性化规划。

c. 只有当我需要向某人负责的时候，我才会坚持一种习惯。

d. 我通常不会选择事先就把自己的手脚束缚住。

5. 如果有人在抱怨你的习惯，那么他说什么最不让你感到吃惊？

a. 你坚持你的好习惯，也就是那些仅对你很重要的习惯，哪怕给别人带来不便也在所不辞。

b. 你问的问题太多。

c. 别人请你做事时，你很会把控时间，但你为自己做事时就不行了。

d. 你只做自己想做的事，而且只在想做的时候才做。

6. 以下哪一种表述最适合你？

a. 将他人——客户、家人、邻居、同事——放在首位。

b. 遵章守法——有时，即便毫无意义，也仍会如此。

c. 拒绝被他人所驱使。

d. 确有必要才提问题。

7. 别人对我感到无语，因为只要他们叫我做事，我就不大情愿做（就算是老板或客户也一样）。

倾向于认同。

不置可否。

倾向于不认同。

8. 我会做那些我认为最有意义的事，即使这意味着漠视规则或他人的期望。

倾向于认同。

不置可否。

倾向于不认同。

9. 对他人的承诺绝不可以被打破，但对我自己的承诺是可以被打破的。

倾向于认同。

不置可否。

倾向于不认同。

10. 有时候我连自己想做的事都不做，就是因为有人要我去做。

倾向于认同。

不置可否。

倾向于不认同。

11. 我有时称自己是一个能让别人开心的人。

倾向于认同。

不置可否。

倾向于不认同。

12. **我不在乎打破规则或违背习俗，相反，我常以此为乐**。

倾向于认同。

不置可否。

倾向于不认同。

13. **我质疑四种趋向理论的正确性**。

倾向于认同。

不置可否。

倾向于不认同。

评分：

1. a= 支持者；b= 怀疑者；c= 守义者；d= 叛逆者
2. a= 怀疑者；b= 守义者；c= 叛逆者；d= 支持者
3. a= 怀疑者；b= 叛逆者；c= 守义者；d= 支持者
4. a= 支持者；b= 怀疑者；c= 守义者；d= 叛逆者
5. a= 支持者；b= 怀疑者；c= 守义者；d= 叛逆者
6. a= 守义者；b= 支持者；c= 叛逆者；d= 怀疑者
7. “倾向于认同”系指叛逆者
8. “倾向于认同”系指怀疑者
9. “倾向于认同”系指守义者
10. “倾向于认同”系指叛逆者
11. “倾向于认同”系指守义者
12. “倾向于认同”系指叛逆者
13. “倾向于认同”系指怀疑者

第二部分
支持者：
纪律就是我的自由

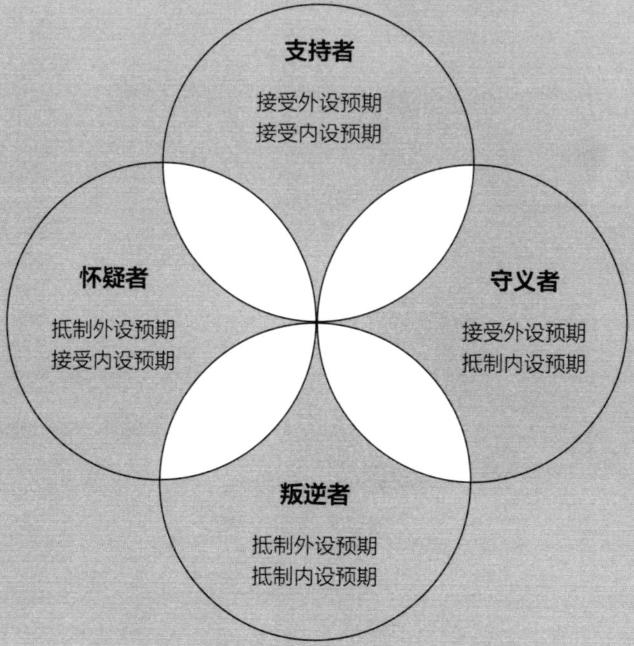

第三章

理解支持者

“就算别人说你一根筋，也要做对的事。”

在生活中，我们都会面临两种不同的预期。我们会面临外设预期，即其他人加诸我们的预期——比如，准时交出报告。我们也会面临内设预期，即我们加诸自身的预期——比如，每天晚上 11 点上床睡觉。

在四种趋向理论中，支持者是那些随时都准备好去应对外设预期和内设预期的人们。他们按规定时限完成工作，恪守新年规划，而且从不抱怨。

绝大多数情况下，他们愿意做别人期望他们做的事，当然他们把自己的预期也看得同等重要。

由于随时都准备达成外设预期和内设预期，支持者也就比较喜欢安排日程和日常成规。他们这些人早上醒来就会想：“今天有些什么安排和待办事项呢？”他们很想知道别人期待他们做什么，而且他们不愿意犯错误或者让别人（包括自己）失望。

相比另外三种性格趋向的人，支持者更加觉得决定做一件事并贯穿始终，其实是相当容易的。他们也更容易养成习惯。

我对于支持者有一种特别深入的看法，因为我本人的性格也属于这种性格趋向，所以这就是我把支持者趋向放在四种趋向理论之首来讨论的原因。

过去，我一直认为大多数人的性格都和我一样，可我同时又因为别人不像我一样行动或思考而感到诧异和愤怒。而当我认识到四种趋向的存在、我是一个支持者、支持者的人数并不多时，许多事情才变得更加清晰起来。这是一个极少而又极端的性格类型（顺便提一下，除了我，没有人会惊讶于我竟然拥有一个极少而又极端的性格）。

获知自己是支持者这件事，回答了一个长期困扰我的问题。在我写的两本书《幸福工程》（*The Happiness Project*）和《居家更快乐》（*Happier at Home*）中，我探讨了我如何坚持许多的计划和习惯，以使我自己更快活、更健康，也更有作为。图书出版后，我被许多人问我的问题惊到："你到底是怎么做到的，竟要做这么多的事？每天要写博客，还要努力摆平你丈夫，还要去健身房？"我回答说："因为我觉得做这些事情能让我活得更开心，所以我就做啦。""那你到底是怎么做到的呢？"他们又问。我那时实在不明白，人们为什么这么执着于此。

现在我明白了。对于像我一样的支持者来说，决定做一件事并坚持到底，其实一点儿也不难。但是对许多人来说，就没有那么简单了。

优点：自由、高效、独立

我可以现身说法——当然也有点儿小偏心——那就是支持者具有许多非常优秀的品质。其他人可以仰赖支持者，而支持者也完全可以依靠自己。

支持者总是乐于达成外设预期。他们自省自律，可以轻松按时交差，如期赴约，实践承诺，或者完成任务。他们从不靠上级指点、督办、提醒或惩处来保持正确的方向和进度。

支持者常常痴迷于规则。例如，即便我只是从旁经过，但如果我看到游泳池或者办公室里有贴出的规则通告，我也会情不自禁地阅读并照做。支持者通常不介意身着制服、严格按照菜谱做菜，或者服从相关指令。

正如支持者总是乐于达成外设预期一样，他们也同样乐于达成内设预期。一旦支持者决定做某件事，他们就会着手去做，不管别人在不在乎，抑或有时让别人感到不便，也照做不误。

因而，作为支持者，我明白我做什么都可以靠自己。在我的生活中，我靠自己要远多于靠别人。

几乎从来都是这样。如果我允诺做一件事，我就会坚持完成，甚至无须外部的协助。回想我还在法律职场上打拼的时候，我得参加律师资格考试。为了备考，我订购了一堆 BARBRI 公司出的复习资料磁带，然后就几小时几小时地在自己的厨房里听录音、做笔记、复习。我的朋友们则选择去读 BARBRI 公司开办的辅导班，以便帮助他们按照课程表的进度复习，但我就靠我自己。

正因为具有达成外设预期和内设预期的主观愿望，所以支持者们生性独立并可以被信赖，而且还具备高度的自制力。如果他们对你说要做某件事，那他们一定会做。

其实，由于支持者总是随时准备达成预期，那些非支持者们有时也试图借鉴支持者的自理自立。

一位支持者这样写道：

> 我过去一直没弄明白，只要我一实行规定饮食、展开锻炼计划，或者开始一种爱好，我都会吸引到别人参加进来。我原以为他们只是要我支持他们："你去骑自行车的时候给我打个电话，我到公园里来和你会合。"现在我明白了，他们是想借我意志力的光，因为他们需要一种与我之间的承诺来坚持下去。

以我自己的经历来说，虽然有时帮助别人达成预期会让我感到满足，但更多的时候，我还是希望他们不用依靠我就能坚持往前走。

对支持者来说，无论是达成外设预期还是内设预期，都不会让他们感到被束缚，而只会令他们有创造力和自由感，因为他们能够执行任何想要执行的计划。假设我决定我要在夏天写一本不长的书，或者不再吃糖，我知道我一定会说到做到，即便没有一个人在乎。这种"相信自己"的底气给了我一种自由自在、收放自如和机缘无限的感觉。

然而，我并不想给人留下似乎支持者在达成预期方面从来都无须纠结的印象。我们也会纠结。我也要努力奋斗才能坚持诸如去健身房锻炼、与人通电话、做琐碎小事的好习惯。我会拖沓。我也会出差错。但就大多数情况而言，比之其他性格趋向的人，支持者达成预期会容易得多。

支持者随时都能达成预期，他们会经常寻觅规则背后的规则，譬如，在伦理道德的范畴内行事。举例来说，最有名的支持者之一非赫敏·格兰杰莫属，她是 J.K. 罗琳写的系列魔幻小说《哈利·波特》中的人物。赫敏从来不拖欠作业，总是提醒哈利和罗恩遵守魔法世界的规则，如果有谁越线犯规，她就非常着急。尽管如此，当她认为普通的预期不公正时，她也会反抗。她看重规则背后的规则，即使这使得她要直面他人的无动于衷或是完全反对。她投身于改善居家精灵的恶劣待遇，还退学并反对魔法部，以同邪恶的伏地魔进行战斗。她一心遵守社会的规则和法律，除非那些规则和法律与她内心的正义感相冲突，一旦出现这种情况，她就会坚决地予以抵制。

我喜爱《哈利·波特》系列，部分原因是我乐见支持者以如此令人钦佩的方式坚守规则。我不知道是否我们每个人都是如此——但我们难道不是已经特别接近对我们性格趋向的描述了吗？

由于支持者很容易达成外设预期和内设预期，所以他们很少经受他人的怨愤和冲撞，而且也不依靠别人的激励和监督做事。虽然他们的自律常使人觉得他们机械刻板，但支持者自己却感到自由、高效和独立。

缺点：机械刻板、讨厌改变

如同其他性格趋向那样，支持者的优势也可能变成劣势。

支持者既可能成为正义的无畏斗士，也可能成为盲目执法的任性法官、专门打别的孩子小报告的多嘴学生，或者拒收晚交一个小时报告的老板。

由于热衷于达成预期，支持者也许会有要强行遵守某些规则的感觉，即使是在忽略这些规则更合情理的情况下。虽然使用两性通用的浴室对我来说没有一点儿问题，但我却不能让自己使用有明确标识的男洗手间，哪怕是一次只能单人进入的那种。曾有一位支持者友人告诉我："我去医院生孩子的路上，还跟丈夫说开慢点儿，还坚持要他把车停到规定的停车场去。可你知道，我被接进产房后不到 20 分钟就生了。"

支持者有时会变得不耐烦，甚至相当鄙视他人，就因为别人拒绝预期，或者自己不能添加预期，或是对预期提出问题。一位属于守义者趋向的读者写道："我对一位同事说，我不能吃维生素，因为没有人在一旁督促，要想坚持就太难了。她对我说：'你成熟些吧！'"是啊，看起来像个支持者，不太暖心的那种，但毕竟还是支持者。

作为支持者，我希望其他人不仅能达成预期，而且想要达成预期。我喜欢将已完成的项目从待办清单上划去，喜欢按自我设定的时限结束工作，喜欢依照指南行事，而有相当长一段时间，我一直对别人为何不像我这样想问题、做事情而困惑不已。现在我明白了，正是由于我不苛求愿望，我才变得对人更苛求了。

支持者见到别人行为不端，哪怕只是非常轻微的，也会显露厌恶和不安的情绪。如果有人在开会时跟我耳语，我一定会紧张。与此同时，我支持者的本能就会把我粗鲁的一面带出来。我并不是故意要这样失态和冲动，只是因为我太在意不要迟到或是遵照指令行事了，所以我才失了风度。

支持者觉得很难替别人出头，因为他们怀疑别人是否能跟上他们的节奏。"我娶了一个支持者，"一位读者写道，"每到星期天，她就会为下一周的每一天写好待办事宜的索引卡，一丝不苟地逐项检查上周的待办清单。我们的子女、孙辈、父母、她妹妹等，她全都要操心。她常挂在嘴边的一句口头禅就是：'为什么这家里的人都不能把自个儿的事儿干了？’”

然而，也许会让人吃惊的是，支持者经常拒绝督促别人，即便有人主动请求他们这样做。因为支持者自己就不需要外界的督促，所以在这一点上他们就和别人想不到一块儿去。再者，因为支持者觉得外界的督促对自己是一种压力，所以他们也不愿意将这种负担强加于人。我知道，我是不大情愿（有时还有点过分）去刺激别人做事情，包括我自己的孩子们。我本来是应该提醒我女儿整理好床铺、注意餐桌上的举止、多读些书的，但是我无法面对提醒、检查、再提醒、再检查的局面。

凡是对常规做法、习惯和日程安排所做的改变，都会让支持者感到不舒服。最近，我和丈夫杰米到波士顿去参加一个婚礼，请柬上明明写着："大巴下午 6:00 离开酒店赴教堂。"但吃早饭的时候，新娘的母亲却告诉我们："但是，大巴会在 5:45 开走。"

"可请柬上说是 6:00 呀。"我说。

"没错儿，不过现在是 5:45 发车。怕堵车。"

我和杰米离开的时候，我对他说："他们怎么能这么改？请柬上明明写着 6:00！"（作为怀疑者，杰米对这一变化并没有像我那么生气。）

在别人看来，支持者的行为方式似乎很极端。我认识一位支持者，他喜欢将索引卡分门别类地放在一个特殊的皮夹里——绿色卡片是今天要做的事情；粉色卡片是本周要做的事情；黄色卡片则是以上两种卡片都没记录的与工作有关的事宜，而白色卡片就是私事了。"人家看到我这套东西，还以为我脑子有病呢。"他实话实说（也许喜欢利用索引卡这种习惯倾向就是证明某人是支持者的线索呢）。

在别人看来，支持者对于达成外设预期和内设预期的承诺有时是那么冰冷和死板。有位读者这样写道：

> 我发现，支持者在达成预期的过程中相当死板，如果没有时间做调整以适应新的情况，哪怕能帮到别人且有意义，他们也不会干。譬如，有个支持者就说："我们已经计划好自驾行程，某某时间就出发，不行，我们不可能改变计划，就为了再捎上一个人。"我有许多朋友都是职场妈妈，其中的守义者在相互帮忙调整日程和代看孩子方面相当灵活和富有创意，而支持者往往就是这样一副做派："我们事前已经把所有的事情都计划好了，这个点不可能再改变计划来帮任何人。"他们的确让人觉得靠谱，而且事事都谋划在先，但是，在许多情况下，如果能随机应变就更好啦。

一点儿也不错。我们支持者就是很难在最后一分钟改变计划，尤其是我们心里还会犯嘀咕："你昨天干吗不提要搭车这档子事儿呢？"

我喜欢做一个支持者，但我也看到其不好的一面。我很善于让自己做我所不愿意做的事，有的时候，甚至可以说太善于了。就因为我觉得"应该"，我就会花精力和时间去做某件事，而不会多问为什么。

但是，我依然热爱做支持者。

支持者的三重人格

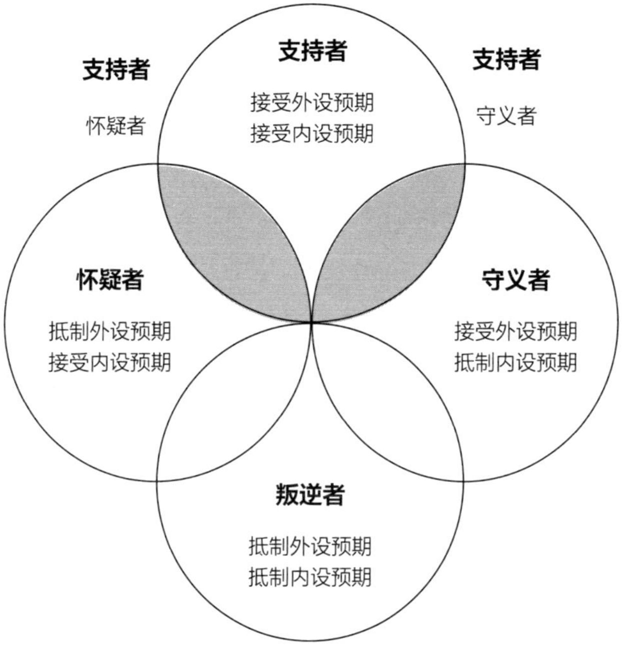

与所有其他性格趋向一样，支持者也有各色人等。人们的个性各不相同，一个支持者可以是有雄心、有学识、忧心忡忡、善于交际、反复无常、和蔼可亲，或富有创新精神的人，这些品质都可以与他 / 她的支持者品质混搭在一起。

然而，每一种趋向都与另外两种趋向环环相扣，属于某一趋向的人经常也会"跳帮"到与之重叠的另外的趋向那边去。以支持者来说，支持者趋向就与怀疑者（两者都乐于达成内设预期）及守义者（两者都乐于达成外设预期）这两种趋向相重叠。

支持者兼怀疑者更容易质疑外设预期，因此也就更能考虑拒绝这种预期："我领导说我得去出那趟差，这有必要吗？"他们也更容易质疑内设预期。我还记得，为了一个内设预期，我曾和自己有过一段对话："我每天早晨做冥想都坚持好几个月了，但是好像也没什么好的效果。那我是不是应该放弃这个习惯呢？"我当时就说："是啊，放弃得了。"（请注意，作为支持者，我已经坚持好几个月了。）

由支持者跳转的怀疑者更倾向拒绝团体中的主流预期。如果外设预期和内设预期发生冲突，支持者兼怀疑者的天平便会偏向内设预期，这一点与支持者无异。"明天，我们都要做陈述，可我的搭档却要我帮他提提意见，我自己还需要时间来做陈述准备呢，所以我得告诉他我帮不上忙。"

相反，支持者兼守义者则更加倾向完成外设预期。对于支持者兼守义者来说，外设预期的负担感觉上要更重一些，如果两者起冲突，外设预期也许更容易胜过内设预期。这样的支持者兼守义者也许会苦于设定限制，在最极端的情况下，他们甚至会演绎出支持者兼守义者式的反叛。在大多数情况下，他们很容易达成内设预期和外设预期，但偶尔也会"掉链子"——不能给他们自己必要的中途休整（这一点大多数支持者都能做到），于是便爆发性地拒绝达成某个预期。

在一次聚会上，我同一位小说家朋友就她究竟是支持者还是守义者讨论了很长时间。那天晚上，我们未能找到答案，所以她第二天就给我发来了邮件：

> 我能吃自己不喜欢吃的东西，也能忍受折磨人的事情，也不与总爱越界冒犯人的人起冲突。但是，在写作、健身和阅读

方面，我还是非常严于律己的，只要我的追求不妨碍到别人，我还是可以取得很大成就的。我之所以能做到这一点，是因为我在远离网络并不受羁绊的情况下，实打实地挤出了大把大把的时间。我很了解自己，故而为自己打造了很强的自我保护机制：多多照看孩子并把办公空间设在远离家的地方。

看了这段自述，我确定她是一位考虑非常周到的支持者兼守义者。她能够在无任何外在督责的情况下达成内设预期，不过也仅限于未受到外设预期干涉时。由支持者跳转的守义者虽然承诺一视同仁地达成内设预期和外设预期，但对他们而言，外设预期的拽拉是很难视而不见的。支持者兼守义者必须要厘清内设预期，划定边界以保护内设预期不受外设预期的干扰。

有些支持者在解释为什么下决心达成内设预期时说，他们需要先加强自身才能达成别人的预期。当被人问到有无关于性格趋向的格言时，有位支持者这样建议道：“欲助人者，先助己。”这正是支持者兼怀疑者的观点。身为支持者兼怀疑者，我却并未感到需要为自己正名。我达成自己的内设预期，是因为这对我来说很重要。

为何支持者天生善于自我保护？

由于他们既要达成外设预期也要达成内设预期，因此，在四种性格趋向当中，支持者似乎感到的来自完成预期的压力最大。其实不然。守义者感到的压力才最大。尽管支持者和守义者都要达成外设预期，但支持者还要达成自己的内设预期，这一点正好保护他们免遭他人的怨愤和冲撞，而守义者则经常不堪其扰。

虽然这看起来有违直觉，但绝大多数支持者都善于照顾自己，享受生活。譬如，一项调查脸书（Facebook）状态更新情况的研究表明，在“自觉性”（善于规划并努力实现）方面得高分的人，往往还会写大量有关如何休息和享受闲暇的文字，并经常使用“周末”及“放松”一类的词语。[1]

那是因为支持者使出了自己的看家本领来规划休闲时间。显然，“偷闲”也成了待办清单上的项目。一位听众说道：“我太太在全力撰写毕业论文的那一年里，每天早上5:00起床，接着开始写。到下午4:00，她就准备好去健身房做运动，这一天的写作也就到此结束。日复一日，波澜不惊。她对搞笑的事情其实也挺感兴趣，因而她那支持者趋向简直就像超级主动的巡航导引。”

支持者还善于忽略别人的预期，从而达成自己的预期并使自己得到保护。我有次受邀出席一位支持者型的朋友的家宴，当晚宴进行到某一时刻，他就站起来说：“大家都请离场吧。我要睡觉啦。”在电梯里，我的另一位朋友说：“这也太奇葩了吧，他直接就把我们给赶出来了。你不觉得这样做有点太粗鲁了吗？”也许是有点，但对我而言，同样作为支持者，我倒是觉得他合情合理。

支持者试图保持一种高水平的自我管理和表现，这也就是他们对坚守好习惯感到满意的一个原因。支持者很看重自我控制，因而也非常注意使睡眠充足、强身健体、娱乐、给车内备满油，等等。其实，在我所做的全美抽样调查中，我发现支持者比别人更有可能说：“我很善于保持自己的习惯，哪怕没有一个人在乎。”

人们经常会劝别人，“别对自己太狠了”或者“你这么不灵活不利于健康”，又或者“没人会注意那条规定”，但对于支持者来说，达成内设预期和外设预期是一件令人心情愉悦的事情。有时这种感觉，别人，尤其是叛逆者，是很难体会到的。我记得曾和一位叛逆者型的朋友谈论过这个话题。

“对于我，”我解释道，“纪律带来自由。”

“但是纪律意味着限制，”她说，“谁会愿意被条条框框限制？”

“我给自己一些限制就等于给自己自由。”

她摇摇头，说：“这根本讲不通。自由的意思就是不受限制。我想干吗就干吗。”

我们四目相对，大声笑起来。我们谁也没打算要改变对方，这一点很清楚。

顺着同样的路径，我发现其他性格趋向的人们，如果想要安慰或犒劳自己，经常就会找种种理由来推掉预期。他们也许会想，“等过完这难挨的一天，我就翘了这个‘十字健身’培训班”。但身为支持者，我倒觉得，要是我让自己摆脱了这种牵绊，感觉反而会更不好。

或许正是由于支持者十分强调自理自律，所以我的抽样调查得出了一个非常有趣的结论。在四种性格趋向中，支持者以占比 24% 而成为最不会认同下列说法的一种：“我曾与上瘾苦苦相斗。”在这一点上，其他三种趋向的占比几乎完全相同（34%，32%，32%）。

因此，在支持者的天性当中，似乎有某种东西在保护他们。

其实，支持者对于达成预期的承诺有时会让人觉得他们有点冷漠。对支持者而言，有一种品质就叫“铁面无情”。他们认定必须要做成的事情就一定会做，即便有时会给别人造成不便或打乱整体步骤。

我和守义者妹妹伊丽莎白共同主持一档每周一次的直播节目——《格雷琴·鲁宾让你更快乐》，我们将四种性格趋向分别作为第35、36、37和38期的主题。在我们谈论支持者的那一期节目中，伊丽莎白说了这么一句话："格雷琴，作为你的妹妹，我这辈子都能一直见识你那支持者的优势和劣势。"她讲了一个许多年前的故事，那时我们两家一同出去旅行。出行前最后一分钟，我丈夫杰米和大女儿艾丽莎去不了了，就剩下我和小女儿埃莉诺一同前往。我们和伊丽莎白、妹夫亚当及他们的儿子杰克在一家度假酒店会合，那里离他们在洛杉矶的家并不远。

"我们在洛杉矶，美国西海岸，"伊丽莎白回忆道，"而你却决定你和埃莉诺仍旧使用美国东岸时间不变。每天晚上，你们娘儿俩4:30就吃晚餐，7:30就上床睡觉；而与此同时，亚当、杰克和我却充分享受了度假生活，从晚上7点一直玩到午夜。"

"一点儿没错！"我说。

"瞧，对我来说，你这样不就错过了度假的快乐和放松吗？"

我完全明白她的意思，但当我一想到吃晚饭时眼皮睁不开还要硬撑着，回家之后还得倒时差，就觉得不值当。

这期节目播出之后，一名听众竟然对我的做法说三道四，我真怀疑她就是个守义者。她并没说我这样就是毁了度假的快乐（这是伊丽莎白对我的看法），她所说的是，我这样做便是毁了别人的快乐。她这样写道：

看起来，你一定觉得坚持使用美东时间一点儿没毛病。你是一个支持者，自然要恪守自己的作息时间，而且不肯稍做变通，可这样实际上就把别人的度假给毁了。我觉得你也许根本就没有意识到这一点。你并没有真的与伊丽莎白一家一起度假，而是将自己的作息规律放在了第一位，但她们一家可是专门腾出时间来陪你和你的女儿呢。

我这样回复道：

你指出，是伊丽莎白一家腾出时间来陪我们。一点儿没错！同样，我们也腾出了时间来陪他们。

事实上，是我们从纽约飞到洛杉矶的，这动作该不小了吧。正因如此，她们才能在一脚踩油门就能到的地方下榻。那么，期望她们迁就一下我们的时区一两天不也同样合情合理吗？按我们的作息时间安排早饭和晚饭难道就不行吗？

在我看来，这里不存在谁是谁非的问题，只是说明人们看问题的角度各不相同。

其实，虽然说起来这有点儿不近人情，但身为支持者，我还是常常希望我身边的人都能像我一样照顾好他们自己，免得我再替他们操心日子过得是否舒心、方便。我完完全全理解那位男朋友的看法，因为他那守义者型的女友这样写道：“我的支持者型的男友有时候觉得我太依赖他人——与其说做些让我高兴的事，不如说我经常会等着他说出做什么会让他开心，然后我就决定去做。和你想的一样，有些人就是巴不得别人把他们的快乐放在第一位，而他却更乐意我想要什么都自己来，这才是第一位的，也是最重要的。”

虽然支持者在常规生活及保持良好习惯中获得了极大满足，但在旁观者的眼中，过于自律的行为方式让他们看起来令人扫兴。我怀疑那些置身娱乐行业，或者从事文艺事业的支持者们，为了将性格趋向隐藏起来，有时会不按自己原本的路子行事，而是表现得比真实的自我更加狂放不羁和享乐至上。支持者趋向并不是一个非常有魅力、前卫而又招人喜爱的性格特质，它既不能为引人入胜的人物传记增光添彩，也不能使之轰动热卖。在其红极一时的歌曲《摆脱》（*Shake It Off*）中，泰勒·斯威夫特（Taylor Swift）唱出了她如何熬夜、如何交太多的男友，但是她真的会熬夜吗？我才不信呢！我看泰勒·斯威夫特纯粹就是个支持者。

“收紧”模式：支持者的极端

一般说来，支持者都会表现出很强的自我保护特性，但是他们的支持者本性有时却将他们导向“收紧”模式。

当其他三种性格趋向者试图达成预期时，总是起初比较强劲，但随着时间的推移而逐渐放松下来。于是他们便开始寻漏洞、找借口，变得不那么勤勉尽责。我也有过这种情况，表现在某些习惯当中。但有的时候，支持者的体验恰好相反，即经历某种逐渐“收紧”。他们感觉很难找到借口，很难中途歇口气，也很难让自己放松下来。这可以是好事，也可以是坏事。

一位支持者型的朋友曾罹患肌肉痛，我劝她来我参加力量训练的健身房试试。她之前已经在有规律地锻炼，但我还是认为我这个特殊的训练课程会对她有所帮助。就这样，她来了，也治好了病痛。后来她就不想来了，因为这间健身房的位置对她来说很不方便，而她以往一直在另一个地方锻炼。但是，尽管她一直说要停了这边的课程，却好像就是办不到。支持者的本性困住了她，她无法挣脱。另一位支持者有点绝望地告诉我："我始终坚持要增加在跑步机上的步数的目标，后来竟到了睡觉之前还绕着床边慢跑的地步，一切就是为达成目标。"这就是"收紧"。

"收紧"可以发生在任何情境中。一位支持者还经历过工作上的"收紧"。"有段时间工作特别忙，我就开始每天早晨 7:00 进办公室（我们正式上班的时间为 9:00）。后来，事情忙过了，但我却仍然按这个点进办公室。总的说来，我觉得挺好。但我毕竟也喜欢多一些灵活性，这样我就可以心安理得地晚点进办公室了，比方说，如果我想和我先生共进早餐的话。"

那么，支持者该如何同这麻烦的"收紧"做斗争呢？首先，要警惕"收紧"模式，一旦"收紧"发作，就要仔细考虑某项预期是否真的值得去达成。支持者可以提醒自己，在某个时间节点上，继续推进越来越"收紧"的预期会破坏个人表现及自理自律。其次，无论何时，支持者都必须切实厘清其内设预期。

我最喜爱的作家之一，18 世纪英国散文家和辞典编纂家塞缪尔·约翰逊（Samuel Johnson）指出："一切的严谨，如若不能增善，也不能防恶，便是虚妄。"此言是对支持者的重要提示。

厘清自我期望最重要

尽管支持者为了达成内设预期，确实可以推掉外设预期，但他们并非总是很清楚自己期望的到底是什么。要想达成一项内设预期，就必须准确无误地予以厘清。因此，支持者必须仔细地确定自己到底想要什么又在乎什么，搞清楚这一点至关重要。

我自己的切身经历使我对此十分了解。大学毕业后，我拿不定主意该从事何种职业。我发现读法学院应该是很棒的继续教育，能够帮助我做好应对许多不同职业的准备，而日后我也总是能够改变择业的想法。于是，我便去了法学院。

法学院对支持者颇具吸引力：一旦你找到了它，那么如何申请、如何成功被录取都是那样一清二楚，而且法学院的核心要点恰恰就是要理解和遵循规则。我达成了那些外设预期，并且还干得非常漂亮。在法学院，我当上了耶鲁大学的法学评论的主编，获得过写作奖，还成了大法官桑德拉·戴·奥康纳（Sandra Day O’Connor）的书记员。

然而，在当书记员期间，我第一次意识到，我真正想要的其实是当一名作家。

一旦内设预期闯入，我就毫不犹豫地放弃了法律生涯，一切从零开始，不再有任何时间限制和外界的监督。“你是怎么做到的？”人们经常这样问我。“你怎么会有如此大的能耐，策划是你，写书是你，找出版代理还是你，所有的事情都是你一人扛下来？”对我来说，一旦听到我自己内设预期的声音，那么做好这事儿就根本不难了。不过，我是花了漫长的时间才听到这个声音的。

小结：支持者

优势：

主动开拓

自我激励

勤勉尽责

值得信赖

细致彻底

坚守日程

渴望理解和达成预期

潜在劣势：

戒备心强

死脑筋

常与计划或日程的改变做斗争

缺乏幽默感、刻板

忧虑于含混或不确定的规则

当他人需要提醒、设限、督导或讨论时缺乏耐心

连服从根本不存在的规则也会忧虑不堪

第四章
与支持者打交道

“只管去做。”

自我激励型员工 VS 严以律己型上司

支持者可以成为非常棒的同事。他们做事主动，表现优异，不需要别人的监督，也很擅长承认自己的极限。

而且，对于其他人来说，能够与言出必行的人一起工作也是挺给力的。人人都知道，如果支持者说他要做某件事，那他一定会说到做到。上司可以对支持者说：“要是你有时间，能不能看一看这个问题，然后把你的结论告诉我？”之后，上司不用再多说一句，6 周后上司就能得到支持者提交的一份完整的报告。

支持者也能成为非常棒的上司，因为他们很清楚如何设立预期，而且严以律己。支持者型的上司很清楚，出发点不同则其预期也会不同，故他们推行的规章和计划也很公平，在达成长期的任务过程中目光远大，支持者型的上司不会突然改变目标、方法或最后时限。

支持者如果是企业家、自由职业者，抑或兼职做某种副业，一般都会干得相当不错，因为这些人都是自我激励型的。他们分得清什么是需要完成的，从而去做好它，哪怕没有客户、顾客或上司在旁督促。在分析我所做的全国性的抽样调查的结果时，我发现，一个人的收入越高，那他越可能是一个支持者（而非叛逆者）。

然而，当别人纠结于要不要完成预期时，支持者往往会变得不耐烦。支持者型的上司也许会拒绝回答怀疑者的提问，而对他说："关于这个限时任务，我们有公司下达的备忘说明，他们肯定有充分的理由对它进行修改。不过咱们这会儿就别再争了，干活儿去吧。"支持者型的上司还可能抵制建立守义者所需要的督责制，比如，设定最后期限或强制推行休假，因为他们完全看不出这有什么必要。不过，与叛逆者型的下属一起共事可能才是真正的挑战（对双方而言）。

支持者会因为他人不能达成预期而感到沮丧。有位支持者这样解释道：

> 我是一名支持者型的医生，在一家工作繁忙的专业医疗诊所工作，我的合伙人都是怀疑者和叛逆者。他们喜欢给我们的诊所订一些不切实际的规章，而我作为支持者，常会因为这些规章被强制推行或被打破而备感压抑。我成了全诊所唯一认真遵守这些规章的人。更加糟糕的是，我被推到了一个非常尴尬的境地：我得在我的上级合伙人不能达成执行规章的预期时督促他们，而恰恰就是他们宣称这些规章对我们大家都好。我认为，与其制定什么规章，还不如根据具体情况做出恰当的分析评判。

支持者有时难以出面牵头，因为他们总是认为别人会掉链子或干不好。

支持者有时会被常规活动和日程牢牢绑住，而且他们很难不遵守规章，即便是毫无道理的规章也照样执行；当已经到了非改不可的时候，他们也意识不到。要支持者主动放弃一个毫无意义的预期，或者停下来休息休息，都是非常困难的。如果仓促提出变动，支持者也很难调整、适应。因此，如果他们周围的人想要做出改变或给出新的任务，就要努力为他们争取尽量多的预告时间。

对管理支持者的人来说，有必要记住这一点：因为支持者对达不成预期深恶痛绝，所以他们也很难分得清轻重缓急，所有预期对他们来说都一样重要。为了克服这种情况，支持者的上司或同事就要把任务的轻重缓急明确表达出来："我一般是每周五要这份报告，不过现在不是要交年度报告了吗，所以在咱们完成年度报告之前，就先把这报告放一放。没事的，年度报告更重要。"

由于支持者一门心思要达成内设预期和外设预期，因此他们是极不情愿卖力地去帮助别人的，如果这意味着必须先丢开自己的任务的话。

如果事情没做好或违背了承诺，支持者是会非常生气的，有时甚至能气到极点。一位支持者型的朋友在一家大型报社当编辑。"要是我负责编辑的报道中有差错的话，我是真的会非常气愤，"她对我说，"别人可能不当一回事儿，可我就觉得这简直太严重了。"对这样的人，一句"这算不了什么"或"谁也没注意到呢"，远不及"你已经尽力了，能做到这样已经很好了"来得有效果。因为憎恶把事情搞砸，所以但凡支持者听到别人说他们哪里做错了，其防范心就会变得非常强且有抵触情绪。

由于支持者只想达成预期，所以即使面临新的机遇，他们也会拒绝抓住，就因为担心自己无法完成。当然，这样做有时是有益的，因为这表明支持者善于给事情划设边界；但另一些时候，这样做就无益了，因为他们不愿挑战自我，怕做不好。

如何避免和伴侣产生冲突？

与另外三种性格趋向的其他人一样，支持者也不能随心所欲地打开或关闭自己的性格。在许多方面，和支持者结婚都是非常棒的；但另一方面，支持者却很有可能在假期里还要工作，或者即便家里来了客人还坚持练习小提琴。

当我们了解了一个人的性格趋向后，我们就能够理解他 / 她的观点了。一位支持者型的朋友告诉我，正是四种性格趋向理论使她避免了一场与丈夫之间的冲突。

“我们正打算乘火车去看望我父母。儿子前一天刚满 12 岁，所以他的车票价不再是 75 美分，而是 8.5 美元。不过我心里想，‘要是不买全票，这个周末就全毁了’。”

“对呀。”我点了点头说。

“可我丈夫是一个怀疑者。他觉得我太过循规了。他说：‘你太死板啦，他才刚超过一天，买优惠票也很公平呀。’”

“他说的也有他的道理，”我承认，“我要是叛逆者的话，或许也会这么想：‘呵！大都会北铁（Metro-North ）甭想叫我多付钱’。”

理解孕育宽容。

支持者总是讨厌修改计划或临时起意。在我自己的婚姻里，我丈夫杰米一般会拒绝回答我的问题。我认为，这一方面与他怀疑者的天性有关，另一方面也与他极力要避免在我这个支持者妻子心里留下某种预期有关。如果他告诉我，我们晚上 7:00 出发去参加聚会，接着又决定 7:15 才出发，那我就会抵制这个改变。如果他不是到了非说不可的最后一秒才告诉我的话，我们之间也就不会发生冲突。

支持者在达成预期时也会感到压力重重，即使在某种特定的情况下这毫无意义，但却有可能激怒他们的搭档。为了能最有效地阐明观点，配偶完全应该认同支持者的价值观。配偶应该这么说，“我看到那块牌子上写着：‘闲人莫入’，不过咱们在这儿可不该算‘闲人’吧”，或者“这表上是说 6 月 1 日截止，不过这家公司需要咱们的钱，而且实际的日期是 9 月，所以我觉得 6 月 15 日把表递进去应该也没问题”。

支持者的配偶应当谨防提出一些可能的预期建议，因为支持者也许会就此全力以赴，即便这个建议不是什么好主意。配偶有时候的一闪念，譬如“你应该去竞选街坊委员会的负责人”“你要是当教会委员会的主席一定特棒”“你应该以更加有效的架构重新组织你的员工团队”等，说不定就给支持者套上了“紧箍咒”。

支持者的配偶若想施以援手的话，可以做些内设预期方面的提醒，譬如，“你没有必要做这个”“这对你很重要吗”，或者“你已经尽全力了，不就犯了个错吗，这情况常有”。

如果配偶不能达成预期，支持者有可能变得很不耐烦。与支持者结婚的怀疑者也许有必要提醒他们，作为怀疑者，他们需要理由；同样，守义者要提醒他们，作为守义者，他们需要有人督促；而叛逆者则要提醒他们，作为叛逆者，他们需要选择和自由。

给孩子设立明确的目标

在很多方面，支持者型的孩子的父母一般都比较省心。支持者型的孩子都愿意理解和达成预期，他们是自我激励型的。父母不必要求孩子做大量的家庭作业，也不必提醒孩子该喂鱼了。支持者型的孩子不用被过多地提醒也会自己练钢琴，提前计划并按时打包好所需的足球装备，并完全遵守学校的日程。

尽管父母很享受支持者型的孩子这方面的特质，但碰到孩子不能适时关闭其支持者趋向时，他们又感到头疼不已。他们时常要求孩子放松身心，丢开某些预期，但事与愿违。假如在睡觉前不能完成自认为应该完成的 30 分钟阅读，或者上学迟到了 5 分钟，支持者型的孩子就会崩溃。

顺应具体性格趋向的价值观而讲的道理通常更有效，这一点对四种性格趋向都一样适用。家长可能会这样解释说："你们老师要求你们每天晚上都要阅读 30 分钟，但是因为我们去看望祖母，所以回到家已经是该睡觉的时间了。晚上好好地睡上一觉，明天你就会更有精神，这可比你晚上的阅读重要多啦。"或者说："老师都明白，小孩子有时候完不成作业是有原因的，而且老师也并不会怪他们，所以没问题啦。"如此这般讲道理要远胜于下面这样的说法，譬如，"你活该""你翘课一天老师又不会知道""老师又不是你的老板""阅读 30 分钟纯粹就是强制性的目标"等。这些话对于支持者基本没有什么说服力。

支持者型的孩子也会觉得很难对日程做出突然的改变，很难放弃一项尚未完成但仍然有时间继续的任务，也很难处理因预期不清晰所带来的困难状况。

大多数父母都认为养育一个支持者型的孩子相对容易，而介于支持者与叛逆者之间的亲子关系则常常很难处理，无论哪一方都是如此。

正如支持者的配偶一样，支持者型的孩子的父母也要谨防冷不丁地提出一项预期，或者建议确立一些没有必要的规矩。支持者很容易专注于某一项预期，并倾入大量的精力和时间来完成，哪怕那些并不是他 / 她想要做的，或者根本就不是一个好主意。类似“你真应该去参加拼写大赛”这样一句顺口而出的评语，往往会引发巨大的、出乎预料的连锁反应。

支持者型的孩子身边的大人们应当帮助孩子厘清他 / 她的内设预期，从而使得他们不仅能够达成内设预期，也能够达成外设预期。

夸大其词毫无用处

对于医生和其他医疗保健提供者来说，支持者型的病人是最容易相处的。他们认真执行医嘱，完全按照规定服药，并且严格遵循程序做理疗。

因此，在我所做的抽样调查中，我毫不吃惊地发现，在四种性格趋向当中，有七成的支持者最有可能不认同如下的表述：“我的医生已经跟我解释了我的生活中需要有所改变的重要性，可我却还没有去做。”

其实，支持者的问题正好相反——他们太愿意遵照医嘱了，所以常常是该问的问题都没问。我 20 岁那年，有位牙齿矫正医生不经意地对我说：“你的下颌需要打开重塑。你现在不感到疼痛，也没有症状，但你记住我说的，等你 30 岁的时候，一定会得慢性下颌痛。”我最终还是质疑了这个建议，但这却把我折腾得筋疲力尽。（顺便说一句，直到现在我也没有任何下颌的问题。）

保健专业人士应当记住，支持者一般都会忠实地完成预期，甚至还有可能经历自我“收紧”，因此想靠夸大其词来拢住他们是毫无用处的。同时，支持者善于自我保护的特性也可以帮助他们在那些预期变得不堪重负时直接说出来。当我在高强度举重训练班换了新的教练后，我可以毫无顾忌地对他说：“你把重量加得太高了。我是想举得重一些，但这个量级对我来说也实在太过了。”

职业偏好：喜好规则，不适合变动

思考性格趋向与职业之间的关系，绝非简单到说这么一句“支持者应该做银行监管者或是当交通警察，因为他们愿意整天执行规章”。几乎每一份工作都可以由不同性格趋向的人来做，而且还是以符合该特定趋向本身的方式。但是，某些环境有利于——或不利于——不同的性格趋向也是事实。

某些要求从业者具备主动性的职业，支持者可以做得很好，譬如，自主创业、个人咨询，或自由职业之类，因为一旦确定某个目标，即使在没有外界监察和督促的情况下，他们也会全力以赴去完成。支持者具有很强的能力来促使自己做他们并不喜欢做的事情，这一点对于那些为自己打工或缺少搭档帮忙来处理细碎苦活儿的人来说尤为重要。

在做事规则十分清晰的情况下，支持者往往都能干得风生水起，因为他们在达成预期的过程中会获得极大满足。但若处在非常强调要能够随机应变和迅速适应不断变化的日程或预期的环境中，支持者则有可能痛苦不堪。有位支持者解释说：“我是一个支持者，所以我很擅长找出规则并确保大家都能遵照执行。但是，我工作的地方非常看重的却是灵活性，而这正是我的劣势所在。”

当碰到预期任务不清晰，相关规则模棱两可，抑或要他们在目前的基础上拓展规则时，支持者的心里可能就没底了。如果当老板的你想招一位能主动和创造性地解释税法的总顾问，那可千万别雇支持者。

我注意到支持者有时会对可以帮助人们改进表现的职业情有独钟，譬如我认识的一位支持者就是高级教练，还有不少支持者（像我）就写有关人们改进表现、自我管理或习惯的书。

然而，由于支持者自己可轻松地达成外设预期和内设预期，故而他们常因为他人不能“顺利搞定”而感到困惑，但同时又拿不出什么有用的建议。一位支持者写道：“我是一个私人教练。好的方面：我坚定地奉行训练加营养的生活方式并以身垂范，就是希望我的客户也能仿效，而且我总是非常守时。不太好的方面：一旦客户不能像我要求他们的那样投入，我就会感到受挫。”

在一次晚宴上，我与一家大型生物医药公司的 CEO（首席执行官）邻座。正如经常发生的情况那样，我又情不自禁地描述起四种性格趋向来。他马上就全都领会了。

“我就是支持者，”他对我说，“而且我敢说大多数和我一样的 CEO 们也都是支持者。”

“为什么？”我问。

“因为作为上市公司的 CEO，你得非常适应照章办事，以及要满足来自其他人的海量预期。你还得有自我导向的感觉，你得自己把握事业航向并要能对他人说不。”

另一位支持者型的朋友是一个投资银行家，他这时也加入我们的谈话中来。“我觉得这话说得对。就好比守义者通常都是了不起的二把手一样……”

“我的二把手就是一个守义者，他非常优秀。”前面那位打断他的话说。“但是作为 CEO，你就得有能力说：‘我尊重别人的想法，不过最终，我明白自己想要做什么。’要想当好这类角色，必须要有严格的纪律性，而只有当内设预期和外设预期协调一致时，这类角色才有可能实现，因而也才不会出现怨恨和内部冲突。”

“恕我不能苟同，”我摇了摇头说，“我认为，四种趋向的人都能成为极好的领导者，并且完全是按各自的路子走。”

“怀疑者和叛逆者可以成就了不起的创始人和创新者，”那位 CEO 承认道，“但要他们打造一家成熟的公司，恐怕就勉为其难了。以叛逆者为例。作为上市公司的 CEO，要接受大量事无巨细的审视，直至你如何着装、如何向董事会讲话等。”

起初，我相信了，但接着我就想：“难道我们 3 个支持者就能得出结论说，只有支持者才能做优秀的上市公司的 CEO 吗？”可我还是怀疑 3 个怀疑者或 3 个守义者是否也能就他们的趋向得出同样的结论。就说叛逆者吧，叛逆者极有可能承认，要是有哪位叛逆者是成功的上市公司的 CEO 的话，那必定也是凤毛麟角的。

小结：与支持者相处

他们随时准备达成外设预期和内设预期。

他们有自我导向，会按照时限实现目标，会努力推进项目，没有监督也一样主动。

他们喜欢例行程序，但可能难于调节以适应例行程序中出现的中断或者日程的突然变化。

他们痛恨犯错误，而因为这……

他们可能会变得非常愤怒且变得自卫，如果有人说他们丢了球，或犯了错。

他们非常重视一以贯之。

他们也许应当记住，与他们不同，其他人并不一定会因做好事情而感到欣慰或受到激励。

他们难以牵头分派职责，因为他们总怀疑其他人是否靠得住。

第三部分
怀疑者：
说服我，我就服从

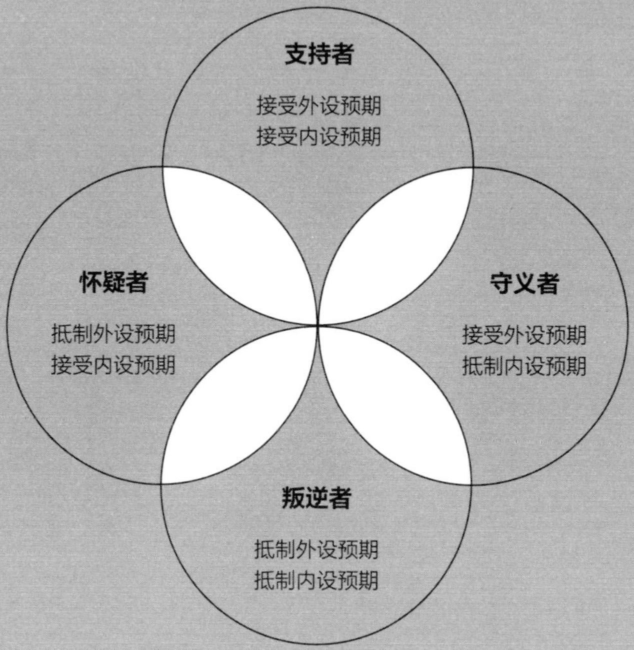

第五章

理解怀疑者

“可为什么？”

无论是在职场，还是在家里，总之在生活中，我们都会面临外设和内设两种预期。与支持者随时准备达成外设预期及内设预期不同，怀疑者仅乐于达成内设预期，当然这其中也包括被他们改变成内设的外设预期。

在接受这些内设预期时，怀疑者表现出对相关信息、逻辑关系及效率的深深执着。他们要自己收集事实，自己做出决定，采取行动也必须有充分的理由；他们拒绝一切他们认为是强加的、理由牵强的、信息不足的或效率低下的事情。许多人都是怀疑者，在四种性格趋向中，只有守义者比怀疑者拥有更多的成员数。

对怀疑者而言，外设预期如何才能够变成内设预期呢？一方面，只有当他们认定某项预期是有效率且理由充分的时候，他们才会去达成这项预期。譬如，怀疑者会这样想，“老爸一直要我看看油箱还有没有油，我觉得没那个必要，所以不理他”，或者“办公室水槽上面贴着告示，要大家自己清洗餐具，但洗杯子不是浪费我的时间吗；不如留给值夜班的人来洗更有效率。我还是把杯子留在水槽里吧”。

另一方面，如果理由非常充分的话，怀疑者也是乐意去达成一项外设预期的，因为此时外设预期已经转变成了内设预期。怀疑者会想，“老师说，要是我能把乘法表背下来，那做起课后的数学作业来就一定快多啦，我得把它背下来”，或者“我妻子要我把我们家的客房整理出来，都说了好几个月了，可我们又用不着那客房，我就没动。现在，过几周家里就会来客人，我还是去收拾出来吧”。

怀疑者的着眼点在于一件事情是否说得通，所以他们每天醒来就会想：“今天该干点啥，理由呢？”他们要自己判定一项行动到底是不是个好主意。假定上级主管要求怀疑者下属在本周五之前写好一份报告，而这位怀疑者也许会这样做决定：“下周三之前不会有人要看这份报告，我下周初开始写也许更高效，那样我周三前就能写好。”一点儿不奇怪，在全美抽样调查中，怀疑者是四种性格趋向中最有可能认同下列说法的趋向者：“我只做我认为最有意义的事情，凡事我都根据自己的评判标准来判断，哪怕这意味着对规则或其他人的预期视而不见。”

一旦怀疑者接受了某项预期的理由，他们就会按自己的意愿行事，而不需要很多外在的督责。因此，如果上司欲说服怀疑者使用新的记账方式，或医生想要怀疑者接受某个医疗方案，抑或配偶欲在打扫地下室时得到怀疑者的帮忙，那就值得花点儿气力解释清楚其中的必要性：为什么要做这个？为什么用这个方法？为什么必须现在做？假如怀疑者信服了——注意，这个“假如”是必不可少的，那么怀疑者就会让人放心地将事情一做到底。

同样的过程也适用于怀疑者考虑达成内设预期之时。只要他们相信这样做是有道理的，他们就会去达成自己的预期。以一位怀疑者欲减肥塑身为例。这位怀疑者需要花时间做些研究，反复衡量各种选项，然后才能确定何种健身方式对他最有效也最出成果。不管是不是医生要求他锻炼，也不管是不是他妻子整天唠叨，或者同事跟他说“咱们去健身房健身吧”，只要怀疑者认准了用“十字健身”（CrossFit）器械锻炼或者跑步是最适合他的健身方式，那他就会照做来达成自己的内设预期。

怀疑者无论何事都要打个问号。有关现实中怀疑者趋向的一个例子，也是我最喜欢的例子之一，出现在一次会议上。当时，我要求在场的听众根据四种趋向的特点自行分成四组，同时为各自小组所代表的趋向创立一句宣言。四个小组都分头商议，轮到怀疑者小组陈述时，他们立刻问道：“为什么要创立宣言？”其个性显而易见。

优点：有主见、可靠、本真

怀疑者做事非常有主见，只要铁了心认准一件事是对的，他们便会努力将之进行到底，而他们若是要抵制什么预期，那也同样毫无困难。怀疑者有着支持者的主见，守义者的可靠，以及叛逆者的本真。

怀疑者连最基本的民俗和假设都要问为什么。“我真的想要结婚吗？”“如果你是我老板，我是不是就得照你说的做？”“为什么孩子就不能像成人一样骂人？”

对于怀疑者来说，至关重要的是，任何预期都应当理由充分且正当。他们可以为了规则而反规则。有位怀疑者这样写道：

> 我总是根据具体情况来决定我应该遵守哪些规定。如果没

有人检查，我会一次性带6件以上的衣物去试衣间，因为来回跑进跑出太不方便。我认为，之所以要订这条规定，不仅是要防失窃（本人断不为之），也是为了在排队的人们中间更快地流转起来。因为我只在闲暇时段去购物，所以一般都无人排队，因此我觉得这规定毫无意义，也就不理会它了。

对于怀疑者来说，这个思路是合乎情理的；而叛逆者则只会为打破规定而兴奋，抑或至少当它不存在；但要是支持者或者守义者，他们就会这样想："既然人人都应该遵守这个规定，那你为什么偏要让自己做个例外呢？"

怀疑者不问缘由就达成预期的情况几乎不存在。一位怀疑者告诉我："那时我正准备加入'卡帕卡帕伽马姐妹会'（the Kappa Kappa Gamma sorority）。她们对我说，你要对天发誓'有女人味并且真心实意'。我想：'这到底啥意思啊？'我忍不住大笑，第二天就退出了。"

怀疑者对自己所做的每一件事都要求有充分正当的理由。因此，他们以及他们身边的人，都不会不假思索地接受任何目的表述不清的预期，而这一点能够为不同的人际关系或组织增添极大的价值。"我们干吗要开员工大会？我们为什么要用这个软件？我们为什么花那么多时间来追这个客户？"

事实上，怀疑者常常会因为别人没有很好的理由就采取行动而感到大惑不解。一位怀疑者如此抱怨道："这我倒要问了：'如果不是在心里认定这是一件好事，人家干吗要去做呢？我们是什么，难道是一群旅鼠不成？再说了，要是人们真的认定某事是一件好事，他们为什么会不去做呢？’”（请注意，这里是一连三问。）

怀疑者喜欢深思熟虑之后再做出决定，还经常希望进行深入彻底的研究。他们倾向于在不同的选项之间进行比对权衡。与支持者喜欢索引卡一样，我注意到，在怀疑者中，电子表格非常流行，他们还喜欢给别人转发大量的文章。

一位怀疑者写道：

> 为了获得硕士学位，我曾一度为毕业论文的选题而举棋不定。这个学期，我们可以选择将平日的作业与毕业论文结合起来，以便多少为明年做些准备。许多同学整个学期都在围绕各自的毕业论文选题而写作。然而，我却利用这个机会，将每一次的课后作业都做成一个独立的选题。这意味着我必须要做得更多，而现在我终于明白为什么了。作为怀疑者，我需要了解跟论文选题相关的很多方面，这样我才能最终定下选题。

由于热衷于追根究底，怀疑者就常常成了人们了解信息的最佳来源，而他们也非常乐意与别人分享知识。

出于大致相同的原因，怀疑者一般都对改进流程颇有兴趣。他们喜欢消除错误，让事情进展更顺利。有位怀疑者型的朋友告诉我，他非常喜爱他的数据核查员的工作；而另一位朋友则对我说，他的爱好就是不断改进用户界面。

对怀疑者而言，什么“我们一直是这么做的”“这是标准做法”，或者“我是老板”之类的说法，全都没有用。他们就想知道为什么。怀疑者会挑战一切假设，会考虑其他替代选项，也会排斥常人的习惯性思维。有位怀疑者写道：

> 我年轻那会儿，不懂得时尚和化妆的重要性，所以不当回事儿。现在我年长一些了，进入了职场，于是就发现（通过主观经验和客观研究），一个人的外表会影响其职业发展及与他人的互动交往，于是我便把相当大的精力投在打造外表上。我估摸，这方面所花费的时间要大过我花在内在修养上的时间，因为我相信打造外表更加重要。

这是典型的怀疑者思维。

怀疑者总是要自己拿主意，即便有人给了他们“专家”型的建议时也是如此。他们不会自动接受权威的意见，而总是会问自己：“我干吗要听这个人的？”譬如，在还未签约参加培训班之前，他们可能会先和老师聊一聊，旁听一两节课，或者索要一些参考资料。

“我决定减肥的时候，”一位怀疑者回忆说，“制作了好多电子表格，涉及营养学家、营养计划和我想尝试的几位医生的情况，其中列明的既有长处也有缺点。最后我发现其中一位营养学家最符合我的需要，于是我就主要按照她的方案来做。”

正如上面这段话所示，怀疑者就是喜欢私人定制。有位怀疑者就向我展示了这种怀疑者的需求，同时也掩饰不住对新年规划刻意性的厌恶，他是这样说的：“我搞了一个为期 30 天的健身视频挑战计划，但我是每隔一天去一次，而不是天天都去。我碰巧是从 1 月 1 日开始的，后来不管什么时候跟人提起，我都要强调我只是碰巧从 1 月 1 日开始，跟什么新年规划完全没有关系。那时我还不知道自己是个怀疑者，现在我总算明白我当时为什么一定要这么说了。”

缺点：过度询问让人崩溃

与其他性格趋向一样，怀疑者的优势同时也就是它的劣势。正如一位怀疑者所解释的：“凡事好问的确在专业方面给了我极大的好处——我已经是一家著名上市公司的 C 级主管，而且还是带着孩子的忙碌的母亲——但同时这也搞得人精疲力竭。我是人人都要问，事事都要问。”

如果怀疑者不接受某项预期的理由，他们是不会去达成它的，而这有可能令他们陷入麻烦。无论在家里还是在职场，其他人都会觉得他们无休止的东问西问很烦人、很糟心，还很碍事儿。总体来说，其他人会认为，怀疑者完全没必要提那么多问题，他们是为争论而争论，而且还总是拒绝权威和决定。譬如，有位怀疑者就说：“我就职的公司里一推出新的做法，我就经常（或默默、或大声地）予以抵制，直到有人给出对我路子的解释才作罢。”对怀疑者而言，这似乎天经地义，但他的经理或同事就不这么看了。

如果一位上司不理解这是怀疑者的做事风格，就会认为这种行为令人讨厌，粗鲁无礼，甚至认定怀疑者“做不了好队友”。有位怀疑者就告诉我，尽管他工作十分出色，但还是被解聘了，因为他那脸面上挂不住的上司将他连珠炮似的提问解读为不服管。

同样，对于年少的怀疑者来说，上学读书意味着真正的一大挑战，因为许多学校的校规似乎都很专制，还低效，而教师和管理人员也常常很少感到有义务对校规进行诠释。在这样的情况下，怀疑者就会觉得很难去完成必要的作业，而且他们的行为方式还可能让人觉得他们不配合或很放肆。有位怀疑者就写道：

> 我从做小姑娘的时候起，就一直表现出怀疑者趋向，譬如，我会为了到底要不要给全班同学都发一张情人节卡片而大发脾气。在我这个8岁小姑娘的心里，我就是觉得，要是给所有人都发一张，包括那些我并不喜欢的人，那我发给真朋友的那些卡片不就没意思了吗。小学是我们这些怀疑者的伤心地。

但是，问题可不仅仅止于小学。另一位怀疑者这样解释道：

> 身为怀疑者，我总是会对那些我认为愚蠢、浪费时间抑或强制性的预期目标提出质疑并予以抵制。对于一名研究生来说，这样做会阻碍我完成课程作业，因为我认为这种课程作业带有强制性，譬如，每周都要上交反馈报告以证明我确实完成了阅读书目。相反，我却很乐意完成极具挑战性的课程并交付成果，比如，研究项目或实验室作业，因为这些才让我感到自己是在学习和应对挑战。

怀疑者持续不断的提问也许会把身边的人搞得精疲力竭，最后被拖垮。然而，如果想要怀疑者服从，这些问题还都必须回答。

怀疑者自己有时也希望能够停止询问。“在做出决定之前，我总是想要再多处理一条信息，根本停不下来。”“我也经常质疑外部的规则。人家就跟我说：‘消停点儿吧。赶紧干你的活！’我也希望自己能停啊。”所有这样的诘问都很耗费时间和精力。在法学院时，有位怀疑者型的朋友一连去面试了十几家律师事务所，而我去面试了6家，最后我们都进了同一家律师事务所。

持续不断的反复提问意味着怀疑者有时可能患上了分析瘫痪症。他们想要继续集中研究，权衡各种选项，考虑更多的可能性。他们渴望得到完美的信息，但在现实生活中，我们经常要在不掌握完美信息的情况下做出决策并继续前行。

有时，这也使得怀疑者犹疑和困惑。譬如，许多的怀疑者都反馈说，当他们打算采纳某项健康建议时，他们就开始考虑这是不是“最好的”方案；他们会想：“也许我还应该再多做些调研，也许还有别的更加有效的方法，也许这个建议根本就是不正确的。”这阻碍了他们做出切实的努力。

其实，由于怀疑者胜在找理由和质疑决定方面，因此如果他们想要找个论据来回避某项预期或打破某个好习惯，他们就一定能办到。他们善于发现漏洞。有位怀疑者就这样解释道：

我既能质疑我做事的方式，又能为此方式找到理由。我脑子里的对话常常是双重人格型的：“你应该去锻炼。”“外面太冷了。”“那就在屋里练吧。”“我还有好多比健身重要的事要做呢！”这种内心的对话让我不堪其扰，于是最后我干脆看起了电视，不再去想任何事。

与此相似，怀疑者对私人定制的偏好，以及对专家建议的质疑，能让那些他们求人家帮忙、给建议和提供服务的人们直接崩溃，从老师、上司、同事、医生、大学辅导员、水暖工到草坪养护专家。在一份调研报告中，有 26% 的医生都同意这句表述："我父母以为他们比我更清楚什么对他们好，"而我一看到这些就想，"呵，我看他们就是怀疑者。"一位怀疑者解释道："我经常忽略所谓'专家'的意见。我的私人牙医建议病人每年都应该做 X 光检查。我才不呢。我每 5 年检查一次，因为我相信太过频繁也无必要的 X 光检查有可能导致癌症。"[1]

另一位怀疑者总结怀疑者的观点如下："甭管是哪一类的医务人员，看见我来了都讨厌，因为我总是有一大堆的问题问他们，而且不得到满意的答案就不走。如果我事先已经了解了相关知识，那我就会照着做，才不管它是否符合医嘱呢。如果事先没有获得相应的知识，那我就先把那些问题的答案收着，接着自己再做些调研，最后才根据情况决定是否要遵医嘱。"

四种趋向都一样，有时好心也能变成驴肝肺。因为怀疑者总是为完美，或者说他们认为完美（其实未必）的理由所驱动，所以有时候他们很执拗。他们会拒绝专家们的指点，却按照自己的结论行事，还无视别人的劝慰："你为什么会认为你比受过专业训练的医生还精通对肺炎的治疗呢？""办公室里所有的人都用同一种格式写报告，为什么你偏要用你自己的什么鬼格式？"

根据我在撰写肯尼迪传《纵观肯尼迪的 40 种方法》（*Forty Ways to*

Look at JFK）时阅读到的材料，我怀疑许多阴谋论者都是怀疑者。

在某些情况下，怀疑者好问的特性让人感到厌恶。譬如，传奇企业家和商界领袖史蒂夫·乔布斯（Steve Jobs）就是怀疑者，他年轻时曾认为，保持一种以水果为主的素食习惯就意味着再也用不着担心体臭——然而许多人都告诉他，其实，他还真的用得着担心一下。怀疑者的这一特质有可能变得很危险。当初乔布斯被诊断为癌症之时，他拒绝了为病患所普遍接受的化疗和手术，而是失败地尝试用他自己开出的治疗方法，包括针灸、素食、草药等非常规的治疗方式，一直拖到最后才同意手术。[2]

与其他所有趋向相同，只要有智慧和经验，怀疑者也能够学会控制其趋向的劣势特质。有位怀疑者总结道："作为怀疑者，我已经了解到了这一点，那就是不沟通就忽略规则也许会惹来麻烦。现在，我遵守规则，也改变规则，或继续前行。"

关于怀疑者有这么一则令人大惑不解的注脚：他们经常大谈他们对排队等候有多么深恶痛绝。有位朋友告诉我："我对排队等候这事儿厌恶透了，所以即使在餐厅排队等座的时候，我也没那个心情跟别人好好交谈。"或许这就是他们低效的原因。

怀疑者的三重人格

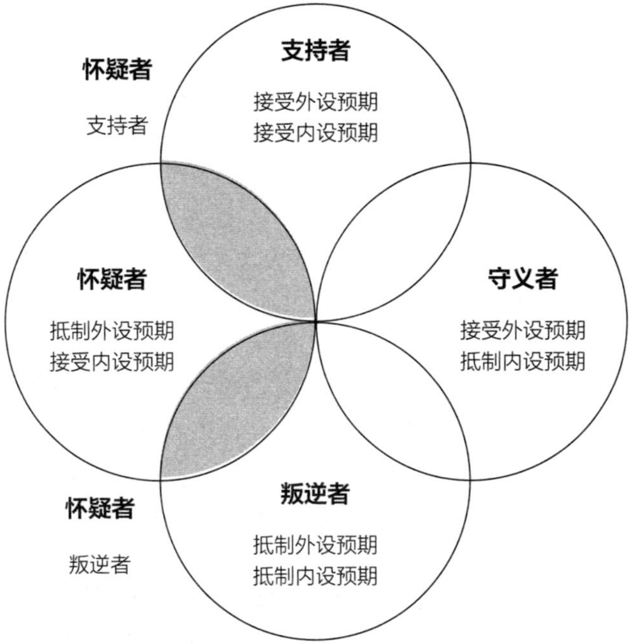

正如其他趋向的人们一样，怀疑者个体之间也是千差万别的。

怀疑者趋向与支持者趋向有交集（都可以达成内设预期），也与叛逆者趋向有交集（都抵制外设预期）。

怀疑者兼支持者更有可能去达成外设预期。他们相当乐意接受关于社会预期的理由和一般规则；有位怀疑者兼支持者解释说："我深信，既然有规则，那就一定有其理由，虽然我并不知道到底是什么理由。对我来说，重要的是不能有麻烦，也不能在权衡不同选项时给别人造成不便。但是，如果我认为某项活动毫无实际用处，我是绝不会投身其中的。”

我丈夫杰米是一位怀疑者兼支持者。他做什么事都要问为什么，但又相当容易被说服去达成某项预期。作为支持者，我怀疑如果我嫁了一个不像他这样的人，我是否还能像现在这样幸福。这是我相当冷静的想法。

然而，掉过头来看，有些怀疑者也会“跳转”为叛逆者；他们挑战某些预期是如此激烈，直接抵制预期又是如此频繁，以至于他们看上去就是叛逆者（关键的区别在于，怀疑者反对某项预期是因为他们认为该预期的理由讲不通；而叛逆者的反对，则是因为他们不愿受人控制。还有一大不同就是：如果怀疑者为自己设立了预期，他们去达成它是没有问题的；但换作叛逆者就会纠结了）。

也许是出于我支持者的天性，但听到怀疑者兼叛逆者争辩说他们为什么不守规矩的理由时，我还是觉得滑稽搞笑，有时更是让人想发疯。

譬如，有些怀疑者兼叛逆者就反对交通法规。有一位写道：“我蔑视限速规定，我觉得啥速度舒服就开啥速度。”我回复时问他：“你是否认为所有驾驶员都应该以他们自认为最安全的速度开车？”这人回答说：“是啊，不管啥速度，只要自己觉得舒服就开，这主意说不定还真是好呢。反正，大多数人都有某个不会超越的极限速度。反正，你只要到州际公路上跑一趟，就能知道人们到底有多遵守限速规定。就跟禁毒法一样，没什么用。”这就是怀疑者兼叛逆者的看法：一项普通预期的无效率和强制性会造成其不合法理，因此应当直接无视。

另外一位怀疑者兼叛逆者写道：“我因为在大街上没有停好车而‘吃’了一张罚单，我得去付罚款；我真不明白，车这么停而不那么停就更安全啦，我可不会付这笔钱。”我强压住反驳他的冲动，心想：“祝你好运！”

事实上，如果怀疑者不认同某项外设预期，他们就会理直气壮地予以拒绝。

鉴于每个人的性格差异，怀疑者之间在决断力上也会各不相同。有些怀疑者就有分析瘫痪症。无休止的询问及要找到更多资讯的想法，禁锢了他们继续前行的脚步。有位怀疑者这样解释道：“我经常先要把品牌、型号、公司及有何优惠研究得一清二楚，才会去买一样东西。这搞得我很痛苦，有时甚至一连好几个星期都下不了决心。”

相反，有些怀疑者却非常有决断力。我丈夫杰米也是怀疑者，他总是想要搞清楚为什么要做某件事，不过一旦得到了答案，他就会迅速采取行动。

当然，很多的怀疑者都是介于这两者之间的。一位怀疑者如是说：

> 我有时候也会陷入分析瘫痪症，但令人惊奇的是，这往往都发生在一些看上去不太重要的决定上。我在决定大学里读何种专业、要不要早婚或者要不要养狗这一类事情上，完全没有任何问题。但我却会花费数月的时间纠结于请什么样的规划师来帮我做新年计划。我丈夫（守义者）无法相信我竟会花这么多时间来做研究。当我最终敲下延请一位日规划师的订单键时，他诧异地说：“我们真的可以不再讨论规划师了吗？”

怀疑者趋向的另一种变量是什么？社交能力。擅长人际交往的怀疑者往往都会很得体地提问，而不会惹得别人恼怒、无语或顿生戒心。如果怀疑者发现自己被指责过度询问、缺少团队精神，或者难以合作，也许他们就会学着以完全不同的方式提出问题并由此获益。与以一句“这新规毫无意义”来唐突地打断上司的陈述不同，他们可以学习这样提问：“您能告诉我制定此规定的理由吗？如果我了解了其中缘由，也许执行起来就容易多了。”表达方式有时能使人们对于怀疑者究竟是富有建设性还是阻碍性得出天壤之别的判断。

我还注意到怀疑者当中的一个有趣的规律：他们经常就四种趋向理论本身提出疑问。

每次我在讲解四种趋向理论时，只要我一说到“如果你们对于四种趋向理论的最初反应就是，‘呵，我质疑你这个理论的正确性’，那你很有可能就是一个怀疑者。”现场立马哄堂大笑，不少人点头认同。

当然，这是由他们凡事好问的天性所决定的。对于他们在问卷上的作答，怀疑者要么努力自证，要么语焉不详，再要么找一些例外出来。他们也许还质疑四种趋向理论的学术基础是否扎实，如此单一的理论框架是否真能说明所有的人性。许多怀疑者都告诉我：“我质疑把所有的人全都套入四种趋向的正确性。”

“可事实就是如此，”我总是这样回答，“每当听完我讲解四种趋向，许多人都会做出这一评判。甚至在他们表达反对时，所使用的字眼几乎都一模一样！”说来好笑，他们拼命反对四种趋向理论，而这本身却是将他们归入某中一种趋向的明证。

但是，我认为，这一质疑也正好反映出这样一个事实，那就是怀疑者趋向是四种趋向中最不独特的一种。支持者、守义者和叛逆者都承认他们与其他人是多么的不同。但怀疑者却并不把凡事好问当作一种特质的证据，而仅仅看作是对生活的符合逻辑和普遍适用的回应。有位朋友对我说：“我肯定是怀疑者。不过，难道每个人或者说绝大多数人不都是这样思考的吗？”还真不是。

有一次我回访高中母校，并做了关于四种趋向的报告，其间有一个高年级学生坚持说：“我的趋向是混合型的。有时我做事是这样的，有时又是那样的，一切取决于我所处的境况。”

“有何例子？”我问。

“如果是我敬佩的老师布置的作业，我就会去做，一点儿问题都没有，所以我是支持者。但如果是我看不上的老师，我才不做呢。照这么说，我又是一个叛逆者。我就是这样与众不同，完全依情况而定。”

“其实，你错啦，”我说，“这纯粹就是怀疑者。怀疑者的头一个问题必定是：‘我为啥要听你的，为啥？’”

拒绝回答：质疑即羞辱

怀疑者趋向的内核之中潜藏着巨大的讽刺意味。

我知道怀疑者都喜欢问别人很多的问题，但令我大惑不解的是，有位网上直播节目的听众曾经这样问我：“你注意到了吗，为何怀疑者都拒绝别人向他们提问？”我当然注意到了，这一点在我那怀疑者型的丈夫身上就展露无遗。他拒绝被问是如此深入内心，因此，在我们家里一直有个开玩笑的说法叫作“N2K”（英文 Need to Know 的缩写，意为“须知”）。他只根据“须知”来回答问题。无论你问他“你晚餐打算做什么吃？”还是“你的新工作什么时候开始？”，我的丈夫杰米都一概拒绝回答。这简直让我发疯。

我曾经以为这是他性格中一个令人抓狂的怪癖。然而，现在我明白了，这其实是他的怀疑者趋向的一个方面。尽管怀疑者通常不在意提供资讯，但许多（虽然不是所有）怀疑者却反对别人向他们提出有关其评价及决定的任何问题。而这也许就是造成关系紧张的根源。

有位怀疑者解释道：

> 有种人向来是我们怀疑者十分厌恶的，他们从来不像我们那样对任何事物都要进行追根究底的研究，搞清楚背后的理由及利弊得失。如果我决定实行低碳水化合物饮食，有些非怀疑者就开始质疑我："我听说这种饮食方式对你的肝很不好。"或者"阿特金斯（Robert Atkins，美国著名心脏疾病专家，发明'阿特金斯饮食'）不是也英年早逝吗？"这很快就让我感到泄气。要是这些担忧真是那么回事儿，那我自己不早就发现了？还会想到去实行它吗？

另一位怀疑者颇有同感："作为怀疑者，我才不屑于自我解释，或者给出我做事的理由。我们怀疑者总是三思而后行的，不合逻辑的事绝不做。因此，首先，事情完了再来回顾和摆出种种理由简直费心劳力；其次，我们认为自己做得对就行，完全没必要在别人面前为自己正名。"

因为怀疑者在做决定时都十分谨慎，所以，当有人向他们提问时，他们经常会感到气愤，甚至感到被羞辱。这真是有点儿可笑，怀疑者向别人东问西问的时候，别人也正是这种感觉呢。

当然，怀疑者最讨厌的还是那些他们认为是浪费时间的问题。他们首先会问："我干吗要回答你的问题？"如果事先了解了别人提问的意图，他们也许更愿意回答。不是"咱们什么时候走？"，而是"咱们什么时候走？我担心没有时间去健身了"。

毫不奇怪，怀疑者拒绝回答的态度令其他人感到气恼。有位怀疑者解释说："我在这件事上已经付出了这么多的努力，要是我的深思熟虑被人无视、不予考虑或者……还要东问西问，那简直太气人啦。"完全理解。但是，别人的问题也是需要去回答的。

那怎么办呢？与其让怀疑者感到他们的决定受到质疑，不如问他们是如何做出决定的。怀疑者通常好为人师，乐意分享资讯。譬如，"我好想知道你思考的整个过程。这对于我了解你如何做出决定很有帮助"或"我觉得挺有意思，你竟然选了那一款报告撰写软件，我真的很想听你讲讲为什么这软件是最好的"。

如何克服分析瘫痪症？

怀疑者趋向的好问冲动往往会搞得人筋疲力尽、思维停滞，无论是对他们自己还是他们身边的人都是如此。如前所述，有些怀疑者会在结束调研而转入实际行动上纠结不已。一位怀疑者写道："面对不同的目标（饮食方式、锻炼、理财、工作），我无法停下对各种不同方法的研究。我着迷于发现最高效的方法，然而，这本身就一点儿效率都没有。我被每一种耀眼的新理论或新方法搞得心烦意乱。"

正因如此，怀疑者需要限制其过分的深思熟虑。为了避免为继续深究的冲动所分心，怀疑者应当聚焦他们的终极目的。有位怀疑者型的朋友告诉我："我对资讯信息有一种难以满足的欲望，所以当我感到自己已经陷入调研模式时，我就问自己，'这资讯跟你想要决定的事情真的有关吗？我为什么要花时间和精力来研究这个问题？'"

"你是在问自己为什么这么好问！"我说。

另一位怀疑者跟我说："我接待个人客户的时候，我的怀疑者趋向常让我感到很难把接待控制在规定时间之内，因为我总是想要多了解一些，同时也多分享一些。"

"那你是怎么改变的呢？"我充满好奇地问道。

"我索性将我的怀疑者趋向发挥得更充分些，我找到了所有非常好的理由来提醒自己，恪守预约时间对我、对客户都有益处。"

还有别的办法吗？怀疑者也许可以尽量避免那些需要大量调研、分析和决策的境况。有一位怀疑者就曾感伤地写道："设计一个新家——你以为我在想什么呢？我一连数小时又数小时地上网查看产品评语和在线讨论，恨不得每种东西都能找到'最好的'，从地板一到中央真空系统。要是我很享受这么做倒也算了，但我并不享受。"她最好还是把这项工程包给一家她信得过的承包商来做吧。

当然，找到一位专家来"委以重任"的确是一大挑战。但患有分析瘫痪症的怀疑者能够办到，只要他们听从自己所敬佩的人的引领，或者对他们追根究底式的消费者报告设置一些限制；请出他们认为可以信赖的医生、专家或者其他权威人士；找来他们所敬佩的朋友或者家人；或者下决心说："这家野营设备商店的店员懂的真多，我就在他们家买帐篷了，我不会让自己再到别处去了。"

患有分析瘫痪症的怀疑者或者他们身边的人，可以利用设定最后时限的办法来结束调研或强制决断——“周五之前必须要有回音。”但怀疑者也许连这些限制本身也要质疑！有位怀疑者就写道：“对利用最后时限的所谓建议，我会有所质疑。我只应对那些有道理的最后时限。随意强加的可行不通。”

然而，对于怀疑者式的过度询问，或者任何一种怀疑者式的麻痹症，最重要的治愈法宝就是资讯清晰。有怀疑者纠结于养成一种习惯吗？有怀疑者未能达成一项内设预期吗？如果答案是肯定的，那么问题往往就出在资讯不清晰上，因为如果怀疑者没有清楚地了解为何要达成一项预期的理由，或者为何要以某种特定方式来达成预期的理由，他们是不会去达成这项预期的。怀疑者需要清晰的资讯，为获得这些资讯，他们就会东问西问（他们所提的这些问题正好说明，人们为什么会对他们的某些做法不以为然）。

为行动找出充足的理由

我为什么要听你的，你是哪方面的专家或者权威？

“这位营养学家有足够的资信水平来指导我吃什么吗？”

为什么非要我来做这件事，难道别人就不能做了吗？

“能让我来做手术而非负责理疗吗？”

我能了解更多的资讯吗？

我能调整这个预期以适应个人的需求吗？

"我现在吃的药产生副作用了。我得降低用药量，没必要告诉医生。"

是否有更好的办法来做这件事？

"如果我一早起来就把所有的药都吃了，那我一下子就能完成（某事）。"

用这个方法能达到目的吗？

"我不明白我为什么非要采用这个医疗方案，如果它不能让我感觉好些的话。"

谁会有好处？设定此预期的个人或机构的真实意图是什么？

"如果我每个星期都参与这个疗程，那医生就可以赚更多的钱。"

一旦怀疑者取得了足够清晰的资讯，他们就能够采取行动了。有一位怀疑者写道：

> 明白自己是一个怀疑者之后，我就不再吃糖了。当时，我只是含糊地知道，吃糖对我的身体不利，而仅仅这样我是不会不吃糖的。我需要做些研究。所以，我就上网看讲座、搜索网上的文章，还阅读嘉里·陶布斯（Gary Taubes）的《我们为何肥胖》（*Why We Get Fat*）一书。从那时起，我就感到可以相对轻松地彻底断绝吃糖。我需要清晰的、实打实的数据资料，而一旦拥有，再来改变以往的习惯就变得容易多了。

然而，请注意，就算怀疑者有了清晰的资讯，也不一定就能使怀疑者去做其他人努力促成的那种行为。

怀疑者如何才能通过找到自己的理由来达成那些未经确证的预期

如果怀疑者发现自己处在必须要达成某项预期（而他们又认定此预期带有强制性、低效率或者没有充分的理由）的情况下，往往就会陷入棘手的境地。

在这样的情况下，怀疑者可以提醒自己说，这个预期只要照做就可以了——哪怕它真的毫无意义或带有强制性，因为这对某人来说至关重要，抑或因为对怀疑者自己也利益攸关。

一位怀疑者回忆道：

> 我花了很长的时间才最终意识到，为了让奶奶高兴，有的时候，只要照她说的做就好。刚成年那会儿，一旦她吩咐我做什么，我总是用这样那样的问题把她逼得要发疯。譬如，这些盘子放在碗碟架上自己就能沥干了，干吗还要擦干呢？我为什么不能一天到晚都穿一身黑呢？但是现在我就想："得，这些全无道理的事情我就做吧，只为一个道理，那就是让我奶奶高兴。"

一位满脸焦虑的医学生问我："别人要我做一些带有强制性或者根本就很蠢的事，这种时候我到底该怎么办呢？这种情况几乎每天都在发生，我实在太难把握了。"

“没错啊，”我说，并点了点头，“在怀疑者身上常常会发生这种情况。”

“那我该怎么办？”

“别光在意表面理由，还要想想第二层理由。你做事就是在为自己的理由做。‘是啊，这作业实在没意思，还浪费我的时间，但做好了能讨得教授的好感。只要能达成我的目标，就按他的路子来又何妨。’”

正如以上的例子所示，即使在表层理由完全缺失的情况下——“达成此预期本身有意义吗？”——怀疑者可以着眼于第二层理由——“达成此项理由并不充分的预期对我有意义吗，若是为了我自己的理由呢？”这一点很重要，那就是怀疑者要提醒自己去做必须要做的事，唯有这样他们才能做成自己想做的事。

小结：怀疑者

可能的优势：

以数据为准绳

有公平公正之心（按他 / 她自己的评判）

有意建立高效、实在的制度

喜欢唱反调

如有正当理由，愿意反对体系

有主见

不接受未经确证的权威

可能的劣势：

患分析瘫痪症

对他人的自鸣得意感到不耐烦

潜在的想入非非

不能接受他人认为已完成但实际仍有问题的结果

不屑于遵守那些他人认为公正或至少无可选择的预期规则（如交通法规）

拒绝回答他人的提问

第六章

与怀疑者打交道

“我们为什么需要格言？”

职场沟通：对立并非蓄意

对于机构组织而言，怀疑者是非常难能可贵的一群人，因为他们总是提出诸如此类的问题：“我们为什么要这么干？我们一定要做这件事吗？要不要再多找一些人来面谈？有没有更好的办法来构建这个？”

怀疑者热衷于做研究、发现效率和消除不合理的流程步骤。他们拒绝懈怠的借口，譬如，“我们一直都是这么做的”。他们的各种问题使得一个组织得以最有效地发挥自身资源的作用。

然而，尽管对于团队的共同奋斗大有裨益，但怀疑者不留情面的提问也并非总是受到同事和上司的赞赏。有位怀疑者解释道：

我在职业生涯的核心工作上表现很优秀，这得益于我本人是个怀疑者。然而，有的时候，在一项需要各方面合力推进的项目中，如果大家都抱着随大流的态度做事，他们就会觉得我提那么多问题纯属没有团队精神。我认为，通过礼貌性地提问（甚至包括“我们真的需要做这个项目吗？”）可以使我们理清楚我们应该采取何种方式，避免哪些无谓的步骤或无用的工作，从而取得更好的成果。人们经常欣赏的是我在节约时间、经费和人力方面的热情，但这种热情也会激怒那些把提出的任何问题都当作批评的人，他们总是回应说“因为某某说过……”或者“从来都是这样做的”。最使怀疑者勃然大怒的莫过于这两种说法了。

当怀疑者拒绝按照别人都已接受的做法行事、耗费大把的时间质疑别人认为早已解决的问题，抑或不能适时地做出决定的时候，他们的处境显然就比较难堪了。身边的同事可以帮助他们规避过分提问的情况，办法就是给他们的调查设定一些限制。譬如，经理可以明确告诉正在面试新人的怀疑者，录取的决定必须在某个日期前做出，或者最后的录取者只能在前五名应试者中产生。限定条件有助于强制行动。

由于怀疑者对自己所做的分析深信不疑，也坚信自己的观点是完全正确的，因而根本不可能被不同的意见所说服。

有家企业的负责人对我说：“我公司负责研发业务的副总非常优秀，但我无法忍受与他一起共事。他不停地质疑我的决定和判断。我的权威和专业知识在他眼里一文不值。”

我对他说：“也许他并不是存心跟您过不去。他只不过凡事都喜欢追根究底，这就是他的本性。”

“甭管什么原因吧，反正我俩现在根本就没法儿在一起说话。我得通过中间人和他打交道。”

一旦了解到怀疑者其实并非故意与人对立、不合作，只不过是其性格趋向使然，他们的同事就会比较容易以更大的耐心对待怀疑者，并提供他们所需要的相关资讯。一位守义者说：“我是一名蒙台梭利（Montessori）教育法教师，与两位怀疑者一起共事。我每天都被他们弄得要发火，但现在我向他们推荐各种书籍、网站、文章等，希望他们能通过查阅来解决他们的问题。”

怀疑者为自己打工——自主创业或创造属于他们的新的工作形态时，他们认定值得花时间和精力的任何任务都能出色完成。他们只承诺做那些有意义的事情，而这一点却总是既有利又有碍于事情的发展。譬如，怀疑者或许根本就不想浪费时间去和潜在客户在小范围内商谈，但如果他们认为这么做有利于尽快完成某笔交易，那就另当别论了。

怀疑者也许需要采取某些措施来应对分析瘫痪症，因为一个人单打独斗就必须独自做出许多复杂的决策：用什么方法来管理档案、报税、上健康保险、把握营销是最好的？怀疑者若是单枪匹马，往往就会为迟迟做不了决定所累。

有个爱刨根问底的伴侣怎么办？

一位怀疑者写道：“我是一个怀疑者，我总是要问事情为何及如何才能变得更好。我妻子开玩笑说，她知道我俩一定会白头偕老，因为我们的婚姻是我专门研究后做出的决定。她说得太对啦！”

我丈夫杰米就是一个怀疑者，所以我有很多时间零距离接触属于怀疑者趋向的人。嫁给一位怀疑者，对于我这个支持者来说，有很多有利的方面，因为我本人在达成某项预期的时候往往不问究竟。有时，我会凭空想象出并不存在的预期，或者太过于关注遵守规则。但杰米却总是对任何预期都要推敲一番才肯做，而我也就有样学样地对事情多打了一些问号。

然而，我虽然很尊重也常常努力去模仿杰米的这种性格特点，但有的时候他也弄得我几乎要发疯。我过去更喜欢家里随时都有一种合作的氛围，但现在我明白了，他并不是故意要阻挠我，而只是想要弄明白为什么他要按我说的做。

最近，我让杰米从健身房回家的时候顺便捎一点烟熏火鸡。杰米却不愿意揽这事儿，因为他不喜欢排在队列里等店家切肉（怀疑者都讨厌排队）。以前，我还不知道他是怀疑者，所以就会给他发短信："回家时请带点烟熏火鸡。"而我心里也明白，他铁定不会理我。这并非因为他是个怪人，而是因为他需要先搞清楚理由："我干吗要做这件家务？家里有那么多吃的干吗还要买火鸡？我这时间花的可不值。"现在，我心里明白他就是个怀疑者，所以我这样发短信："回家时请买点火鸡回来。埃莉诺本周有两次外出旅行，我们要为她准备午餐。"于是，他就买了火鸡回来。

怀疑者的问题时常会让配偶感觉受到了攻击或得不到支持。一位怀疑者写道：

> 我总是凡事都要问为什么，而这已经成了我们婚姻紧张的根源。我丈夫为了让我帮他一个小忙，就得跟我解释一大堆，这让他感到很不受尊重。一句"亲爱的，你去买一个新灯泡好

吗？”就能演变成两天的争吵。我要是不弄清楚所有必要的细节就把灯泡买回来，那才倒大霉呢。

我有一个怀疑者型的友人嫁给了支持者。“我丈夫最讨厌厨房里的抽屉和柜子都敞开着，”她说，“所以他跟我说，‘咱们定个规矩吧，厨房里的抽屉和柜子都要关上’。”

我点了点头。“没错。对支持者来说，一旦订立了规矩，那就得做到。”

“但我说：‘你为什么一定要定这个规矩呢？’然后，他又说：‘我就定这条规矩，你也可以定别的规矩。’我对他说：‘我才不想给你定什么规矩，也不要你遵守我定的规矩。我们干吗要这样？抽屉和柜子为什么一定得关着，为什么？’你要想关上就关上呗，我又无所谓，我干吗要费那个劲儿？”

我大笑起来：“你是一位怀疑者，他又是那样一位支持者！好经典。”我乐见不同性格趋向的人在我眼前展现。

怀疑者一向十分看重自己所做的分析，所以常常抵制“专家”的建议，这一点让配偶们懊丧不已。有位读者写道：“我的怀疑者型的丈夫自以为无所不知，什么都问不倒他，而确实他的话经常都是对的，这反过来又使得他更为自得。比如，我准备去求教一位金融顾问。他认为这是白白浪费钱，他觉得自己做些研究，就会和别人懂的一样多。”这种情况是挺恼人的，而且甚至还有可能直接危及生命，譬如说，要是怀疑者认为电动工具的保护装置实际上并无用处该如何是好。

怀疑者对于更多信息的追逐和做出最好决定的愿望，足以使一对夫妻陷入分析瘫痪症。

有位读者写道：

由于我丈夫是一个怀疑者，所以我们似乎什么事情都做不成。举例来说，我找到一家幼儿园，感觉很适合我家孩子，但我丈夫却质疑这个决定。还有一件事，我们打算造几级水泥台阶，但他却质疑人家承包商做的台阶设计方案。我努力想要办成一些事情，他却偏要东问西问地给你亮起黄灯，最后我也只好作罢。

她可以考虑采用别人用过的那些有助于怀疑者规避分析瘫痪症的策略，诸如设立行动的最后期限，采纳受尊敬的顾问的建议，抑或限制资讯来源的数量。

与所有其他趋向一样，怀疑者的优点与缺点并存。配偶们对这两方面都有切身体会。

质疑权威只为一个解释

对于怀疑者型的孩子来说，诸如“因为这是我说的”“我们一直都是这样做的”“这就是你必须做的”，或者“这是规定”一类的说辞，都让他感到沮丧，同时也不能保证他就会照做。

怀疑者需要的是好的理由。如果家长想要怀疑者型的孩子练钢琴，就必须细心解答他 / 她的问题，譬如，弹钢琴到底是为什么？练琴为什么这么重要？为什么一定要练一定的天数？为什么是这位老师？音乐如果很重要，那光听不就行了，为什么还要演奏？如果怀疑者型的孩子对这些问题的解答满意的话，他 / 她就会愿意有规律地进行练习。如果孩子不满意，就会强烈抵制。

家长和老师也许会被怀疑者型的孩子不守常规的表现所激怒。他们会问："我为什么不能穿万圣节的服装去学校？""吉米叔叔对我好凶，我为什么要对他有礼貌？""上大学有什么意思？"有位读者这样写道："我那十几岁的儿子是一个怀疑者。他刚刚考取驾照。有一次游泳聚会后，他光着脚就开车。我对他说：'把鞋穿上，光脚驾车是违法的（我自己是支持者）。'可他说：'为什么是违法的呢？'"（有些怀疑者的确喜欢跟交通法规较劲。）

对怀疑者型的学生追根究底的问题，老师和教授也许会由衷地欢迎，因为这可以带动课堂讨论深入开展，同时从中也可看出学生的参与程度。但另一方面，同样是这些问题，也可以让老师和教授十分恼火。如果根据他们的判断，怀疑者型的学生的提问拖慢了课堂讨论的节奏，还挑战了他们的权威，导致当堂激烈争辩或学生拒绝完成作业，甚至将课上的方向带偏。

童年对怀疑者来说是一个痛苦的时期，因为只要大人"发话"了，孩子就得去做。有位怀疑者型的孩子的家长告诉我："我儿子非常聪明，但在学校的表现总是不太好。他考试都考得很好，但就是觉得做课外作业没意思，所以他就是不做。"

怀疑者对学校的失望情绪会严重影响他们在校的学习成绩。在应对拒绝达成预期的孩子时，非常重要的一点就是要尽量理解该学生如此表现的原因。叛逆者型的孩子也许会想，"你不能硬逼我"；怀疑者型的孩子则会等待有人跟他说清楚为什么达成某项预期是值得的理由。

一位怀疑者回忆道：

> 我小的时候，字写得很烂，老师们好像更关注这一点，而不是我作业的内容。我是个聪明的孩子，有一天我突然意识到，课本上那些习题的答案没有我不知道的，可是没道理我就一定要写下来啊。老师想知道我的答案，就应该来问我，我会告诉他们的！
>
> 老师们于是就惩罚我，骂我懒、死脑筋、笨，但都没给过我一个很好的反驳理由。一直到作业变得很难、很复杂的时候，我才不得不把答案写下来，不然就会把开始写作后的思路给弄乱了。

如果哪位老师肯稍微花点心思找出孩子不写作业的原因，并给出有针对性的解释，那么，师生之间的对立可能就会消失得更早。

事实上，怀疑者型的孩子经常和权威发生冲突。无论是在现实生活中，还是在书本、电影、电视剧里，看到有关性格趋向的实例总是令我很高兴。我在阅读夏洛蒂·勃朗特（Charlotte Brontë）的小说《简·爱》（*Jane Eyre*）时，在第一页上就看到，简·爱那令人讨厌的姨妈里德太太就曾一字不差地称她为“怀疑者”，用以表明为什么简·爱那么惹她生气：“简，我讨厌吹毛求疵（caviller）和好问的人。”[我查了一下字典，“caviller”就有“quibbles”（诡辩）的意思。]

因此，当怀疑者型的孩子质疑作业或一项预期时，老师或家长就应该努力提供经过认真思考的解释。如果一名怀疑者型的学生问：“我为什么需要了解古代的美索不达米亚呢？也许这对我永远也不会有什么用。”老师也许就简单地回一句：“我们现在学的就是这个内容，你赶紧跟上进度。”但这起不到任何作用。老师要这么回答才真正有用：“没错，你们现在是在学有关美索不达米亚的内容，但这次作业能教会你更多的东西。你可以学到如何快速地分析复杂的资料、如何从一段文字中归纳出基本要点、如何高效地做笔记，以及如何用自己的语言表述相关要点。这些重要的技能会让你受益无穷。”

不仅如此，好问者型的孩子还可以考虑接受“第二层次理由”。为何不能光脚开车？因为你这样做，就有可能被罚一大笔钱，甚至连驾照都要被临时吊销。为什么要修那些看起来没什么意思的课程？因为我们可能付不起大学的学费，而只有修完这些课程，你才有资格申请相应的助学金。为什么要对吉米叔叔好？因为你爱爷爷，但如果你对吉米叔叔不礼貌，爷爷一定会生气的。

如何说服固执的病人？

对从事医疗保健工作的人来说，回答怀疑者的问题是至关重要的（虽然有时不太可能）。一旦怀疑者被说服，他们就会很顺利地达成医疗保健方面的各种预期。他们会吃药、做理疗、改变饮食习惯、按时去体检。但若不能让他们信服，他们就不会这么做。

生活中经常会发生这样的情况，医疗保健从业人员满以为已经就某些预期做出了很强的分析介绍了，但他们却没有回答怀疑者提出的问题，所以怀疑者就不肯行动。譬如，一位牙科保健医生也许会说：“你刷牙要刷 2 分钟，每天至少刷 2 次，否则就会长牙垢。”这看起来就是一个普通的说明。但是，牙垢是什么东西？长了牙垢会有什么后果？就算牙垢是个问题，为什么不能等牙科保健医生来剔除？其实，再稍微多做一点解释，人们就会更加愿意坚持洁齿。

另外，值得注意的是，怀疑者常常表现出凡事都要个性化的强烈愿望。他们决定执行某些医嘱，但却以他们认为最有道理的方式来完成这些医嘱，而不是机械地原样照搬。基于这个原因，很有必要向他们解释清楚医嘱要准确执行的道理："这个药要在用餐时服用，因为不这样就会造成反胃、恶心。"

怀疑者需要理由。为什么要减少碳水化合物的摄入量？为什么要在机舱过道上走来走去？他们是否完全信任权威人士来指导他们做这样的事？如果是，他们就会去做；如果不是，他们就不会做。怀疑者会做一切他们认为有意义或者为他们量身定做的事情。我的一位怀疑者型的朋友这样说道：

> 当我被诊断出患了II型糖尿病时，我女朋友就认为我很难按照新的饮食计划过日子，但我知道自己能行。不过，我俩在医生的办公室里的时候，她认为我失控了，因为我问了那么多的问题。我知道自己就是想多了解一些相关信息。我一旦打定主意做某事，那我一定会全力以赴。但是，我对我的医生是实话实说的。我对他说："其实，我打算在吃的方面按要求做，但我每周还是要喝6回啤酒。"我就是想这样处理我的饮食。

怀疑者的"脑残"（这个字眼有点难听，可也没有比它更合适的词来形容自信满满的非专家了）经常表现在与健康有关的方面。这或许就是能做广泛研究（常常基于不靠谱的网络信息）的本事杂合了偏好量身定做的欲望之后的产物。

针对身体健康问题的成因及应采取何种治疗，怀疑者一般都能整理一套自己的理论出来。而据我观察，医疗保健人员经常忽视病人自己发明的理论，而只顾喋喋不休地重复他们关于病情的看法，以为病人最终都会接受专家的意见。这种做法常常是行不通的。其实顺着病人的自创理论来解释为什么专家在某些方面不能苟同，也许要有效得多。

有位朋友的怀疑者型的丈夫把控了自己的癌症治疗，为此他的妻子和医生都非常生气。他们不停地问道：“为什么你会觉得你比整整一个团队的癌症医生都懂得多？”但是，他已经完成了自发的研究并得出了结论，而这给他造成的精神压力要远甚于任何专家权威。如果想要换一个角度来说服他，那么他身边的人们就应该认真、仔细地审视他所发现的数据及让他备感压力的病因，同时向他讲解专家治疗方案所依据的数据和理由，而不是反反复复地问：“你就不能听医生的吗？”

在医疗领域（或其他任何领域），如果要鼓励怀疑者采取行动，比较有用的方法就是提示他们说：“尝试一下吧。就当是一次实验。如果有效果，就继续；如果没有，就再试试别的方法。”这种做法正好契合怀疑者想要搜集相关资讯及量身定做方案的愿望。此外，怀疑者也可效仿某个他们尊为行为榜样的人：“如果这个方案对他有效，那对我也一定有效。”

职业偏好：鼓励提问，注重效率

人们通常会这样说，“我是一个记者，所以我当然也就是一个怀疑者”或者“怀疑者也许更有可能成为科学家”。然而，现实却并非如此。大多数的职业可以被任何一种性格趋向的人胜任，因为在一项事业中取得成功的因素有很多。说到底，性格趋向仅表明人们对待完成预期的态度取向，而并不能说明一个人的天赋、人品、才智、兴趣等。我有一个朋友是一位非常优秀、具有极高分析才能的医生。她热爱研究，会问一大堆的问题，然而，她却是一个守义者。因为在达成预期方面，她随时都会毫不犹豫地去达成外设预期，而对内设预期就十分纠结。

话虽这么说，但怀疑者却的的确确对获取信息和展开研究情有独钟，因此，在那些非常强调研究的环境中，他们便如鱼得水。他们在改良制度中自得其乐。一位怀疑者这样解释道：

我是一家跨国公司的内部审计员，花了20年时间琢磨一个问题，即我们公司为什么一直采用现在这样一种运营模式，同时我也不断地寻找改进的方法。大家都很尊重我，因为我总是花时间来解释我为什么要建议采取新的做法，并且也随时准备倾听别人的意见。假如我是另外一种性格趋向，我真怀疑自己是否还能在工作上如此成功。

许多职业都得益于怀疑者趋向对于理由及其解释的强调。一位怀疑者写道：

我是一个怀疑者，但又略带支持者的特点。我的工作是为小型城市做土地利用规划，其中绝大部分都是对新开发区域的规划。我的工作的内容之一就是要确保新开发项目符合城市的相关规定［譬如，建筑物应为X（平方米）大，Y（米）高、离开街道 Z（米）远等]。但是，这在很大程度上基于自由裁量和解读。

我的性格趋向使我同开发商打交道相对容易，我只让他们做那些对建筑工程有实际意义的事情，我也会向他们讲清楚之所以要他们这样投资的理由。但我那支持者型的同事就只会死守规定，也不管行不行得通，从而经常与开发商、公司经理及市政府发生矛盾。

在鼓励和奖赏人们提出问题的环境中，尤其是当周围共事的人们都比较宽容质疑的情况下，怀疑者都能做得很出色。怀疑者很难与总是说这样一些话的人合作，譬如“因为这是我说的”，或者“我们一直就是这样做的”。

只要有可能，怀疑者都应当尽量避开那些将不停提问解读为拆台、不配合及阻挠的上司和同事。有位怀疑者回忆道：“我为一个老板打过工，他要求每个人都要具有‘团队精神’。我认为自己极具团队精神，而我对于整个团队的价值之一，就是确保我们以最佳的方式做出最优秀的业绩。然而，只要我一提问，他就认为是我故意抵制团队精神。”

由于怀疑者都需要清楚地了解他们所做工作的理由和内容，因此有些怀疑者就想自主创业，这样他们就可以做自己想做的研究，做出自己想要的决策。

怀疑者讨厌做带有强制性、不合情理和没有效率的事情，因此，无论他们从事何种职业，他们都会想方设法去规避这样的情况。对于那些耽于深思熟虑的怀疑者来说，如果工作中有最后时限倒逼行动，或者有经理和同事帮助他们设立研究的合理边界，那他们一定能表现得更加出色。

小结：与怀疑者打交道

他们质疑所有的预期，只有确信预期有充分的理由才会去达成，其结果就是他们往往只达成内设预期。

他们极其重视理由、研究和资讯。

他们依据资讯和理由做出决策；有时，这个理由就是：此事对其他人很重要。

他们只采纳那些他们信得过其专业素养的“权威”的建议。

他们总是相信自己的判断，即便是当着（理应）懂得更多的专家们的面。

他们总是不停地提问，这让人觉得他们不配合还目空一切。

他们讨厌一切带有强制性的东西，譬如涉及“健身房五种着装”的相关规定。

他们不喜欢自己被别人询问；他们三思而后行，故不喜欢别人要他们解释决策的理由，这甚至让他们有受辱之感。

他们难以授权他人做决策，因为他们怀疑他人不具备采取行动的基础。

第四部分
守义者：
服务他人即服务自己

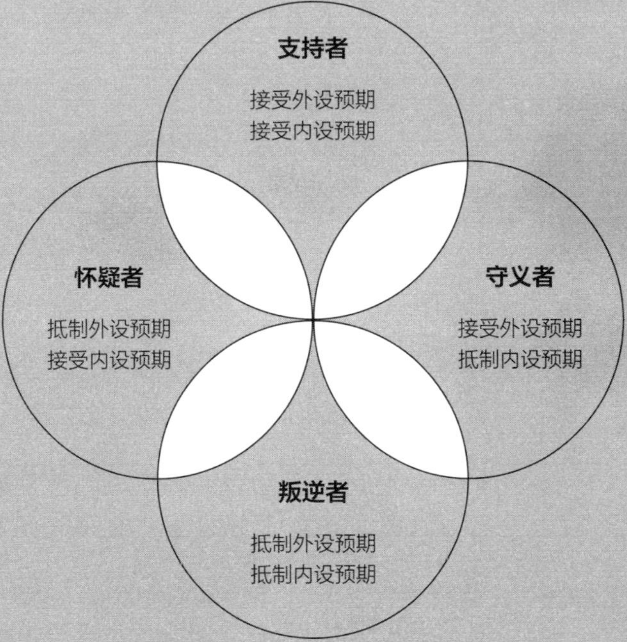

第七章

理解守义者

“你要我做什么我都会做，直到做不了。”

生活日复一日，我们每天都会遭遇到应接不暇的各种预期，既有旁人加诸（或试图加诸）我们的外设预期，也有我们加诸（或试图加诸）自身的内设预期。

守义者随时都准备达成旁人所加的外设预期，而纠结于加诸自我的内设预期。弄清了守义者的性格趋向后，终于使我能够回答我朋友所提的那个问题：“上高中的时候，我可是一次训练都没落下过，为什么我现在就不能坚持了呢？”当教练和队友们对她抱有期许——有外设预期时，我朋友会毫无困难地准时到场参加训练，但她自己的内设预期却不足以使她重新跑起来。

正因如此，守义者天生倾向于应对外部的督责。他们每天醒来后就会想：“我今天应该做什么？为谁？”只要有外部预期，无论是来自上司、客户、家人、医生，还是来自教练、督责机构或同事，守义者都会乐于完成。在大多数情况下，他们既守时也守约，可以为别人坚持做某事。

然而，守义者却难以为了自己坚持做某事。对守义者来说，困难的症结在于内设预期这一大挑战。无论他们有多么想达成纯粹的内设预期，譬如锻炼、参加网上课程或自我创业，几乎都无可避免地以失败告终。要承认这一点的确有些残酷，但这却是千真万确的。

值得庆幸的是，守义者的这种趋向范式是比较容易修正的，只要守义者知道如何去做就行。

那么，守义者怎样才能达成内设预期呢？办法就是建立外部督责。一旦守义者明白外部督责是不可或缺的因素，那如何弥补就一目了然了，而且很容易实现。

由于这个原因，相比支持者、怀疑者和叛逆者，守义者是从了解自身性格趋向中获益最多者。四种趋向理论可以帮助守义者分析其行为特征，并为他们指明改变的方向（同样，此理论也帮助守义者身边的人们懂得了如何有效地影响他们）。

这一点很关键，因为在四种趋向当中，守义者趋向是人数最多的一种，无论男女。

优点：恪尽职守、乐于奉献

守义者犹如人间磐石。无论在职场、在家庭中，还是在生活的方方面面，守义者都不仅仅是人数最多的一群，而且也是人们最仰赖的一群。守义者无处不在，他们会接听客户午夜打来的电话，他们会赶在最后时限之前完成任务，他们恪尽职守，他们自告奋勇，他们帮别人排忧解难（直到他们主动停下——请参阅后续有关守义者叛逆的讨论）。不管是在工作场所还是在家中，守义者都是最肯奉献的那类人。

一次，我正在为在某个会议上讲四种趋向做准备，虽然我平时都不用（幻灯）演示片，但会议主办者还是希望我在演讲中用一用。

“我不会做演示片。”我只得承认。

“那你把讲稿给我，我来做。”主办者说。

“嗯……”我支吾着，显然是不太相信这事儿真能成。

“我是守义者。”他又说。

“噢，”我答道，“原来如此，那就谢谢啦，周五前能给我吗？”

“当然。”他说，我俩都笑了。

守义者擅长满足别人提出的要求，而且是在限时限刻之前完成。由于总是对他人怀有一种积极的道义感，所以他们可以成为了不起的领导者、了不起的队友、了不起的亲朋好友。在任何社区，守义者都是中流砥柱。他们经常说：“我首先考虑的是病人 / 客户 / 研究团队 / 家人，其次才是我自己。”

另外，守义者的英语单词是“Obliger”，其首字母是“O”，恰似 O 型血是通用的血型一样，“O”型趋向正是百搭的合伙人。守义者与其他三种趋向都能融洽相处。

守义者在达成内设预期时需要外部的督责，而一旦获得了这种督责，那么他们就不会经历受限感或自我受挫感。当然，在许多场合，譬如职场，总是存在大量的外部督责机制。只有当其他人对守义者的期许就正好是守义者对自己的期许时，他们才真正拥有自己想要的生活。

我母亲就是一个很典型的例子。她是守义者，但也许部分得益于她自己的设计，部分是因为她运气太好，反正她总是找得到外设预期来实现自己的目标。许多年来，她一直有规律地坚持锻炼，靠的就是和住在隔壁的朋友一道步行。她热爱阅读，还参加了一个读书小组。像我母亲这样的守义者，不会被达成内设预期时的困难所打败，甚至有可能从来就没有注意到这些困难，因为他们的生活结构允许他们这样做，而且无须大惊小怪。

缺点：纠结于达成自我期望

对于守义者来说，无论他再怎么想达成其内设预期，如果完全没有外部督责机制的话，那他的内设预期也是无法达成的。在我研究的全美抽样调查样本中，超过三分之二的守义者回答说，最让他们苦恼的就是自己，因为他们都感到“我可以花时间为别人办事，却不能为自己花点儿时间”。

由于这一点，守义者通常都会纠结于那些需要自主发起的行动，譬如，撰写博士论文或影视脚本、参加社交活动、送私家车去保养，甚至去做一次保健按摩。这其实是一个严重的问题。守义者做梦都希望自己能创业、能在职业中华丽转身，或能不再吃快餐食品，然而令他们感到悲哀的是，自己没能坚持到底。一位守义者总结说：“对自己的承诺一次次被打破。倒是那些对别人做出的承诺永远也不会被违背。”

守义者依靠外部督责来达成他们的外设预期和内设预期；一旦这个外部督责不复存在，他们便茫然无措。

然而，与此同时，假设外设预期的压力过大，守义者就会表现出“守义者式叛逆”——他们本来一直在为达成预期而努力、努力、再努力，突然间，他们戛然而止，并拒绝继续努力。守义者式叛逆的行为既可以是微小且具有象征性的，也可以是巨大而具有毁灭性的。

守义者需要外部督责来达成预期，但他们也需要提防这些预期，不至引发守义者式叛逆。

守义者的三重人格

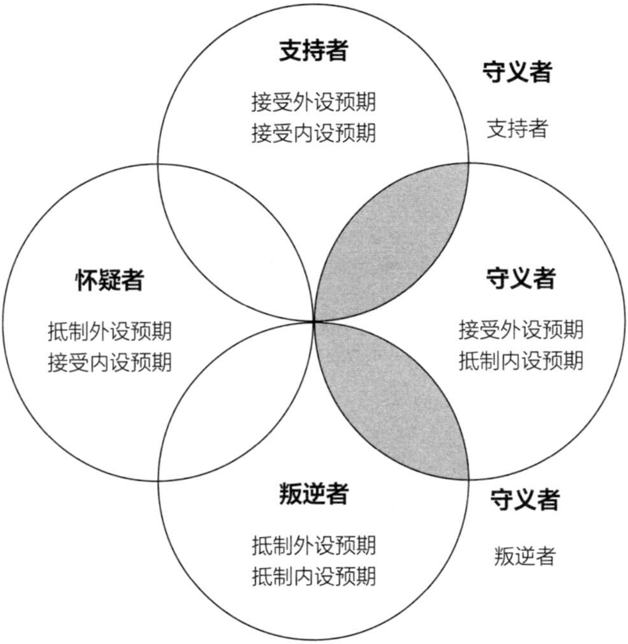

所有的守义者都乐于应对外设预期，但是，他们之中对如何及何时应对外设预期的意见差异巨大。

与其他趋向一样，守义者也与另外两种趋向重叠相交：即支持者（两者都接受外设预期）和叛逆者（两者都抵制内设预期）。

守义者 / 支持者似乎在达成所有预期时都会感到更大的压力，因而也似乎会经历更多的怨愤和冲撞。事实上，情况正好相反。由守义者跳转的支持者一般都对自身的能力和需求有着清醒的认识，而且也更有能力说“不”，一如支持者能够说“不”那样。

我妹妹伊丽莎白就是一个守义者兼支持者。作为守义者，她时刻准备好达成外设预期，但始终纠结于达成内设预期。尽管如此，在某一时刻，她也同样会说：“不，对不起，这我做不了。”她极不愿意让别人失望，但如果知道自己没能力达成某项预期，她也会毫不犹豫地说“不”。她觉得很容易在心里告诫自己：“我答应了你，就得拒绝其他人，所以对不起了，真做不了。”无论是我还是她，几乎都想不起太多她表现出守义者式叛逆的事例。（但毕竟还是有过那么一些，譬如那次，她就突然特意把车停在一家沃尔格林连锁店门前，跑进去买了一包土豆片，然后就在停车场上吃了起来。“我以前可从来没干过这样的事，”她说，“感觉就像在犯罪。”）

相比之下，守义者兼叛逆者会更多地迁怒于外设预期，也更多地怨愤于他人的要求。正如叛逆者那样，他们也经常有被人推着走的感觉，认为很难指望自己，同时对于任何欲对他们施加压力的感觉也反应激烈。守义者的特质使他们感到很难说“不”，但随之又因感到郁闷不平而发火，故此，也就更有可能表现出守义者式的叛逆。他们会努力达成各种外设预期，但是也许在某个特定的时间点（他们能非常快地达到此点），他们突然就不干了。与叛逆者相似，他们也不喜欢按部就班。正如一位守义者兼叛逆者所述：

在完全按照别人的预期做的时候，我会感到莫大的压力，心里则怨愤不已。尤其在工作中，这一点特别折磨人，每当接到要我做某事的电子邮件，或坐下来规划某个项目时，我内心就特别反感，但又仍然感到有义务去完成此事。我虽然明白外部督责能帮助我建立所需要的习惯，但一想到要创立外部督责的机制，我就毛骨悚然。我最讨厌被人呼来唤去。

另外，有些守义者将自己形容成“悦人者”，但是守义者关于何为“义不容辞”之事的想法却千差万别。有些守义者感到有义务完成的事情很多，而另一些守义者感到有义务完成的事情则很少。我有义务发一份手写的感谢状吗？我有义务为完成团队的月度报告熬夜吗？我有义务自告奋勇地领受别人都不愿意沾手的任务吗？有些守义者觉得这些都是义不容辞的，但另一些守义者则不然。

对有些守义者而言，预期附身极其容易。正如一位守义者跟我说的：“天哪，只要你的第一个念头是‘做这份四种趋向的调查问卷吧，你应该帮助格雷琴完成研究’，那你立马就会明白自己是一个守义者。”

事实上，对有些守义者来说，预期附身实在是太过容易了，以至于他们总是感到要义不容辞地去做某些事，但实际上并没有人要他们做这些。“大家都希望我来做会议的演示文稿。”（你确定？）“把脏的餐具留在洗碗池过夜是绝对不可接受的。”（对谁是绝对不可接受的？）“大家都指望我组织一次会议。”（他们真的想开会吗？即便是真的，那又怎样？）

这些守义者感到要达成这些外设预期的压力非常之大，然而滑稽的是，这些预期其实是他们自己加给自己的。尽管这样的预期属于自发的，但他们照样还是要从外部寻求力量。

正如一位守义者所述：

> 我越来越相信别人都在指望我做些事，而我也因此更加愿意去做。举例来说，如果我丈夫工作得太晚了，收垃圾日前我就会把家里的垃圾多收几次，现在这已经变成我的事了……并不是因为我丈夫指望我做，而是因为我以为他指望我这样做。其实我也明白他根本就没指望我！同样的情况也发生在瑜伽课上……我强迫自己去了几次，然后我现在就没法儿翘课了，因为我不想让教练失望。

她不会不做这些事，因为她自己就想做；她觉得自己对他人有义务，而其实人家对她根本就没有任何期许。

与此相反，其他守义者就没有那么强烈的义务感。这些人不会为沉重的预期压力所累，也不会纠结于要不要“让别人高兴”。如果没有惩罚机制，他们才不会为达不成预期而担心。

另外，守义者在精力水平上也各不相同。精力旺盛的守义者更容易达成预期，而精力不济的守义者则很快就会崩溃。

应对之策：植入外部监督

那么，守义者应当怎样做才能让自己达成内设预期呢？这其实既简单又容易，至少在理论上是如此。

为了达成内设预期，守义者必须建立起外部督责的机制架构。他们需要用如下一些工具来确保实现对自己的承诺，包括监督、滞后罚金、限时、监视、由外部力量施加的后果等。对守义者而言，这是最核心的要素。守义者（及其身边的人）不可能指望他们被内在动因所调动，也不可能指望他们为预计结果所信服。他们一定要有外部督责才行。

一旦守义者意识到自己需要外部督责，他们就能够找到办法将之建立起来。一位守义者解释道：

> 我一直苦于不能为自己建立很好的作息规律，但我却经常会花上整个周末照看我姐妹的5个孩子或我兄弟的6个孩子，这样他们就可以出门去玩几天。而每当此时我都能即刻进入习惯成自然的作息程序，从睡觉、吃饭，一直到上教堂。我开始困惑：为什么带孩子能让我更好地把控习惯呢？
>
> 我刚成年那会儿也发现过类似的情况。21岁时，我在我家教区的教会（后期圣徒教会）里做过8个月的传教工作，这份差事的独特之处就在于你得一周7天每天24小时地与同伴在一起。而且，你全程都不能脱离该同伴的视线。我们新晋教士的作息时间表是非常严格的，我们有个人及集体的习经或祷告安排，要锻炼身体、做好传教准备，从早上9:30一直工作到晚上9:30。在这样的氛围中，我却成长得很顺利。
>
> 同伴关系是一种自然而然的关系，我们每天要在同样的时刻一起做同样的事，因而存在一种植入式的督责和监视。
>
> 在那里，我保持着很好的睡眠、饮食、精神祈祷、健身和工作习惯。但是，一回到家里，我就没办法继续保持下去。我经常在心里期盼能重新回到拥有全天候同伴的日子，我们一起

抱着同样的目标、在同样的时间、做同样的工作。

上周，有人来我家小住，我每天就起得很早，还做饭，做家务。今天早上，客人走了，我在厨房里因周围的一切是如此整洁而沾沾自喜，要知道，前几天我每天都要下厨好几个小时呢。接着我做了午饭，做完之后却没有为自己整理干净，心想："又没别人在，只有我。"于是，我就跟自己玩了一个心理游戏，假装侄儿侄女们过会儿就要来，这样才能促使我把厨房收拾干净。

守义者成功的秘诀是什么？那就是守义者必须找到一种适合自己的督责机制。守义者之间对于什么能使他们感受到督责看法悬殊。

有些守义者很容易就能感受到督责。一份系统自动生成的电子邮件、一个能在待办事项列表上高亮标出未完成任务的手机应用软件，抑或是能够"嗡嗡"发声的计步器，已经足矣。

相反，有些守义者必须要有具体的个人在场才能感受到督责。有位守义者就这样写道："我对所有的人说，我是不碰糖的，而如果我身边有人，那也是非常容易就能避免的。唯一的一次失败，是一天下午，那时我意外地一个人在家。"对于支持者、怀疑者和叛逆者，家里有没有别人完全不是事儿，但是对于这位守义者，这却是决定成败的关键因素。

为何不同的方法对他们有的有用，有的又没用？

一位守义者这样分析道：

> 自从明白了外部督责对我至关重要，我就把在家“锻炼”（几乎从来也没进行过）变成了参加气功健身班。由于需求的关系，健身班要求学员全部在网上报名，如果在开班之前 2 小时之内退出，你就要付 5 美元的“迟退费”。奇怪的是，要说我最终没有退班是因为这 5 美元的“迟退费”，还不如说是因为我不愿有一个原本应由我来填满的位置空着。

事实上，我惊讶地发现，对于许多的守义者来说，即便预估到因其原因有可能导致金钱损失，也不会给他们带来被督责的感觉。有位守义者型的朋友告诉我：“我一直就想学做瑜伽，总想着要参加一个瑜伽班，都好几年了。后来，我终于报了一个班，但就去过一次。那可是花了我 300 美元呢。”或许，对有些守义者来说，就算花钱也构成不了督责，因为那钱不是别人的；若他们所花的钱是别人的，那他们就会有责任感了。

当然，有些守义者能够自己制造出“外部”督责的感觉，其方法就是建立外部机制，譬如在手机上列出待办事项、预设提醒日历和备忘录等，这些虽然都是自发所创，但的确也能够造成是外部督责的感觉。从表面上看，这些守义者与支持者无异，因为他们看起来好像是去达成内设预期。但是对守义者来说，这些预期在感觉上还是由外部施加的。

有些富有想象力的守义者，甚至可以把自己假想为第三方，从而建立外部督责。“我并不觉得现在有义务为自己做些什么，”一位守义者告诉我，“但如果我不去满足‘未来的我’的需求，我是会感到愧疚的。

我讨厌去健身房，但如果‘未来的我’希望我去，那我就会坚持完成去健身房的锻炼计划，尽管‘当下的我’讨厌这样做。”

然而，大多数的守义者都不能够自发创立外部督责，他们必须找到真正的外部督责。他们需要外部督责的真实感。正如一位守义者所述：

我不大愿意搭理那些“噱头”督责。如果有人是为了我好或者帮我达成某个目标而提供督责的话，那我明白其实我对此人是不负有任何责任的。我在撰写博士论文的时候，经常和我的论文指导教授一起检查进度，但其实从来也没有取得过大的进展。我们双方都很清楚，我已经滞后了，指导教授为此很失望，但我也知道，我的论文再没有进展也不会给她的职业造成影响，不会给她带来任何后果，而只会对我有不良后果。最后，唯一起到帮助作用的是我在本专业里找到了另一个人，他也和我一样深受拖沓症之苦。我们俩相互督责，我很明白，如果我中途撂挑子或者不再露面，那我的搭档就会感受不到督责，也就会停止论文写作了。

还有其他变量吗？有些守义者——尤其是性格内向的守义者，更喜欢不涉及真人的督责形式，诸如应用软件、付费教练的往来电子邮件之类。

另外，对有些守义者来说，正面的督责形式效果更好。提醒和监督难免让人有唠唠叨叨的感觉，而唠叨更容易引起守义者式的叛逆。对这样的守义者来说，如采取表扬、喝彩、鼓励等正面形式，督责收效会大得多。有位守义者解释说：“我请别人为我督责，就好似将自己的命运交到了别人手中。但当我请大家一起为振奋精神而举手击掌，就立刻会感到因有人支持而变得更加有力。喝彩在感觉上也没有那么咄咄逼人。”

因此，这里就存在一个关键问题：守义者该怎样创建督责机制？

督责搭档

守义者可以与下列这些人结伴组成督责合伙人团队：同学、训练员、私人日程管理者、教练、医疗保健人员、教师、家人、朋友等。某项抽样研究表明，在保持减肥记录方面，那些与督责搭档一起参加减肥班的人，比独自参加的人要更加成功。[1]

有报道称，某些守义者用她们的孩子当督责搭档。某项研究表明，当孩子受训成为“变化监督员”后，他们的母亲与那些在对照组中的母亲相比，减肥效果更加突出，而且还会参加更多的健身活动。[2]

然而，很遗憾，非正式的督责搭档也许靠不住。如果这样的搭档没有了兴趣、分心了，或者不肯扮演督促者的角色，那守义者就会败下阵来。有位守义者哀叹道：“我的笔友承认她已经没在写小说了，我听后十分懊丧，因为接着我就觉得自己也没必要再写了。”

有时，守义者也试图雇人充当自己的督责搭档，但这些人并不是一直都会合作。例如，支持者就经常不愿意为他人提供督责。正如一位守义者所说：

> 我的守义者型的丈夫让我十分苦恼。他总说想再回学校读书，又说要找新工作，但他却什么也不做。我也不想跟他多啰嗦，他想要做什么，那就去做好啦。为什么又不肯做呢？虽说

这种情况不大会发生，但即便我真的有选择性地跟他就此事唠叨唠叨，他十有八九也是不会上心的。

她的守义者型的丈夫也许欢迎外部督责，但她却不愿意被迫提供这种督责。

因为在朋友和家人中寻找靠谱的督责搭档非常之难，而守义者跟专业人士却可以合作得更好。譬如，教练——包括职业教练、健康教练、生活教练等，能够提供实质性的督责，其方法就是设立具体的目标、定好时限，以及一刻不停地严密监视客户。他们拿人家的薪酬就是干这个的，因此，他们绝不会懈怠。当然，这很花钱，但这也是使守义者释放出潜力的关键所在。

督责小组

有些人既不愿意付钱给专业人士，又不肯依靠单个督责搭档，那他们就可以加入或发起一个督责小组。督责小组可以由朋友、家人、同事，或者陌生人组成，大家怀抱着相互督责的共同愿望而来。正如酗酒者互戒协会、减肥中心、法学院学习小组及幸福工程小组所展示的那样，我们来自四面八方，因共同的目标而相聚相会，互相给予并获得督责，同时也分享和交流正能量和思想。

对许多守义者而言，面对面的互动效果最好，但如若情况不允许，相关的技术手段也可以成为非常重要的工具。现在有海量的平台、应用软件和各类小组，都可以帮助人们相互督责，包括我自己的应用软件“更佳”，该软件是设计用来帮助人们更容易地组成所有类型的督责小组。虚拟的督责不那么令人紧张，而且使用起来也更便捷。

守义者在组建督责小组时需要谨慎小心。有位守义者就告诉我：“认识到自己是守义者之前，在组建小组及召集活动的过程中，我到头来常常多干好多超出我分内的事。搞得我焦头烂额，最后转入守义者式叛逆模式。不同性格趋向的人参加督责小组的理由也不同，所以守义者对号召什么人参加小组应格外小心。”

客户、顾客，还是雇员

客户和顾客因他们和你之间的这层关系而本能地施加督责。有位守义者告诉我：“有段时间，我一直推迟开始一项网上培训课程，以配合我自制的在线直播的时间。在最近的一次节目中，我向最早报名参加的前 25 名听众免费提供了一本这个已经就绪的培训教材。因为别人已经报名，我就只能开课了。”

同样，另一位守义者解释说：“我以前不请别人到家里来，因为我住的地方很不干净。后来我决定请朋友们来家里，因为这样我就能够打扫房间了。在读到你写的书之前，我就很清楚这种状况，但我只是把它当作‘不光彩的动机’，我更喜欢你用的‘外部督责’这个词。”

一个朋友告诉我，她的守义者型的母亲为了让她健身，竟然当了一名健身教练。我和许多这样的守义者交谈过，他们都力图寻求一份有报酬或做志愿者的工作，以此作为获得督责的策略。

另一方面，守义者也可以通过聘用一位雇员来建立督责。“我的策略是‘雇一个十几岁的年轻人’来打扫仓储区域，整理拖了有些时日的庭院卫生。”一位守义者告诉我，“雇人可以让我确定日期和时间，跟家人相比，对我雇佣的外人，我不会轻易取消什么活儿，付钱给别人也会让我对事情更认真些。”

惠及他人

守义者能够经常为别人做那些他们不愿为自己做的事，因此，守义者可以将一件事情想象成对他人而非对自己有益，从而去做成这件事。举例来说，许多守义者都告诉我，只有意识到自己必须保护好孩子之后，他们才能够放弃一段糟糕的婚姻。

一位守义者写道："我是一家公司的实际负责人，为了建立督责机制，我把个人的一切都与对工作的承诺相联系：如果我能有充足的睡眠，我就能工作得更好；如果我锻炼，我的精力就会更加旺盛，花在指压按摩上的时间也就更少。"

另一位守义者告诉我："虽说这有悖于我女权主义的情感，但我还是每天都为我的男友（偶尔也为自己）打包一份午餐，因为要不是他希望我这样做，我是永远也不会有这样的习惯的。"

如果是与要做优秀榜样的义务挂钩，守义者就能够达成任何预期。有位守义者有一个颇具创意的解决方案："我在家里立了一条规矩，我在家时绝不看手机，但孩子们可以看他们的手机。"

守义者想出各种各样的新奇方法来惠及他人——实则是自己。一位守义者告诉我："我妻子热衷于健身，而我不喜欢。于是，我们达成协议，除非我头一天锻炼了，否则她就不能锻炼。这样一来，如果我辜负了她，我就会感到愧疚。"另外一位解释说："我和弟妹开列了一份健康习惯的清单，打算照着去做。如果我们都严格按照计划去做了，那么就能为自己挣到泡一天温泉的福利。问题的关键在于，由于我们都是守义者，我们是在相互挣这一天的泡温泉福利。如果我不能坚持到底，她就得不到这个福利，反过来也一样。我们可以放自己的鸽子，但永远不会放对方的鸽子。”

有时，守义者还会利用未来打造责任感。长期以来，我一直困惑于人们跟我说的诸如“我是为孩子订这些杂志的，等我走后”，或者“我打理这个花园是为了留给孩子”之类的话，因为依我看，那些孩子根本就不会去看他们的父亲为他们珍藏了15年之久的杂志，他们也可能永远不会住进那所带大花园的宅子。但是，我现在明白了，此种“为了孩子”的策略能帮助守义者完成值得完成的事情。

即便被某些预期压得喘不过气来，许多守义者依然还会纠结于要不要说“不”。为了克服这种犹疑不决，守义者可以提醒自己，对某人说“不”，就等于向其他人说“好”。“我的团队总是要加班加点，”有个朋友跟我说，“而我又不想让他们失望。但是，我家里开了个会，商量要不要全家一起吃顿晚餐。现在，我可以跟团队说‘不’啦，不然的话，我就要让妻儿们失望了。”

另一位守义者，也是知名度很高的教授，平日里接受了太多的演讲邀约，直到有一天他想：“如果我推掉这次的主旨演讲，就等于给了别人演讲的机会。”这个念头让他坦然拒绝了某些演讲邀约。

作为支持者，如果有人对我说：“我明白自己必须做这件事，这样我就可以当一个更好的家长 / 雇员 / 朋友。”我就会想“不，要为你自己做！”但对守义者而言，为他人做事也就是为自己做事。

其他有创意的督责方法

我常常惊叹于守义者在寻找督责新方法方面所展现出的创造力。一次以书会友的活动之后，有个年轻人告诉我：“我和一哥们儿一块儿健身，每次练完之后，我俩就把对方的运动鞋留下。这样一来，如果我下次不去，他就没办法锻炼了。”我最中意的督责办法出自这位守义者，他跟我说：“我老想早点儿起床，可我是一个人单住。于是我就自创了一个令人尴尬的脸书帖子，并用‘互随’（Hootsuite）软件预设每天早上 8:00 将此帖子发出，除非我提早在此前将它解除。”

不论守义者想要完成什么样的任务，也不论守义者个人是什么样的性格，他们总有适当的途径建立外部督责。正如一位音乐老师写给我的：“我想了很多的建议来帮助我的守义者型的学生坚持练习音乐，包括加入一个音乐组合或一支管弦乐队（若该生在其中担当特殊角色——如四重奏中的低音单簧管手，就更有效）；指导更年轻的音乐爱好者；在练习课上组织成双成对练习，一方不来就会殃及另一方；或者和学生的爱人达成协议，如果守义者型的学生没有练习，另一方就不得让其得偿所愿。”

重点又来了：为了达成内设预期，守义者必须找到某种督责源。

我们不妨以《纽约客》（*The New Yorker*）的传奇编辑威廉·肖恩（William Shawn）为例。在莉莲·露丝（Lillian Ross）的回忆录《此亦非此》（*Here But Not Here*）里，肖恩显然就是一副典型的守义者模样。

肖恩是一位比较强势、人气颇高的编辑，不仅和妻子儿女住在一起，而且据其妻所了解，这 40 年来，他也和露丝有一个家。

肖恩总是希望以生活得志得意满的样子示人。然而，在露丝的笔下，肖恩感到困厄于编辑的角色不能自拔——他既想写自己的东西，但又觉得应该留在现在的岗位上，因为“没有任何其他人能够维持这本杂志正常运转下去……我不能抛下他们所有人不管”。他时不时也会对露丝说：“我先前过的都是别人的生活。”尽管肖恩和露丝感情很深，但他还是将他的生活分裂在两个家里。露丝写道："我很清楚他离不开塞西尔（Cecille）……塞西尔只要他人坐在那儿就行。"

那么，肖恩应该怎么做才能真正建立起他想要的生活呢？如果跟哪位出版社编辑签了出书的协议，他也许就有了最后时限和督责，而且还可能已经实现了自己写作的愿望。如果他对自己说："我应当给我的编辑们证明自己的机会。"那他也许就已经把杂志的许多责任分派下去了。如果他对露丝说，"你得帮助我一起来结束我的婚姻"，那么，他们也许早就做到了。

脱离规则令人迷茫

论及外部督责，我经常读到这样一种观点，即权威组织，譬如军队，能从根本上摧毁人们内心自我管控的架构。例如，诗人斯蒂芬·斯彭德（Stephen Spender）在其自传《世中之世》（*World Within World*）里写道："与大多数士兵一样，军队用纪律约束他，同时也就打破了他或许曾经拥有的任何自律的力量。一旦离开军队，他便缺少行动的意愿和目的，因为这些都曾通过责罚和训练而施加于他。"

但是，我认为斯彭德并没有理解这其中的动态关系。我怀疑，权威组织在提供外部督责时，并不是打破了守义者的自律，而只是造成守义者没有必要再去开发自己的外部督责机制。在平常的生活中，许多守义者都意识到，他们需要督责来取得成功。但是，当组织提供外部督责时，守义者们就不再需要自己去建立了；而当他们脱离了组织的预期，他们就又开始纠结了。

对于守义者来说，脱离通过公司职位、培训计划、宗教秩序、学校等确立的外部预期是很危险的。处在提供外部督责的环境中，他们努力的成效可以高到近乎完美，习惯也非常健康，但是当这些督责预期消失后，他们就完全没有了方向。一位守义者写道："在我以前的工作中，我曾经带领过一个团队。人们都说没有我干不成的事儿。但当我单枪匹马出去独闯，再不用为任何雇员负责时，我就很难坚持到底。"

与此相似，有位搞教育的朋友告诉我："有些特许学校非常具体地告诉孩子们应该怎么做——怎么穿衣、怎么做事、怎么利用时间。有些孩子在这种环境里做得很好，但是上了大学之后就完全不是那么回事儿了。"

"这里面也许有许多原因，"我说，"但我在想，问题会不会就在于上大学之前孩子们都能够得到督责，而大学里没有人会关心你做什么。"

另外，守义者在大学里或许也能表现得不错，但毕业后大概就迷茫了。诸如此类的规划，譬如"今年秋天，我要申请医学院""我会发简历出去""我要写小说"，或者"我要申请奖学金"，大抵都不会有什么结果，既不会真的申请医学院，也不会有什么论文要写，或是有什么学分要修，更不会有什么教授需要讨好。

同样，守义者如果辞了全职工作去自主创业，很有可能最后只能练摊；待业在家的守义者也许就这么一直待下去了；而作为空巢老人的守义者则会感到迷茫无助。

有什么解决办法吗？外部督责！

驾驭自我：用外力激发内力

有些守义者对守义者趋向持非常欢迎的态度，把它看成优点和长处。

例如，许多守义者把他们的行为概括为“客户第一”，这确实是一个值得骄傲的理由。有位守义者斩钉截铁地告诉我：“我就是一切为了客户，无论何事。这给了我竞争优势。我就是这样一个人，这也是我所想要的做人准则，也是我希望我的手下应该具备的人生态度。”另一位守义者也有同感：“我是一个非常棒的员工。我把对公司、对同事、对客户的责任看得十分神圣，而且绝对排在自己的利益之前。”

这种态度不限于职场，也展现在家庭生活中。许多守义者同样怀着极大的满足感告诉我：“我家人的需要优先，永远如此。”

当然，许多的宗教教义都强调守义者式的为人之道。

尽管有守义者欣赏他们自己的性格趋向，但另有一些守义者却巴不得自己属于别的趋向，这一点超过了支持者、怀疑者和叛逆者，也是不争的事实。为什么？

就具有其他的三种性格趋向的人而言，他们所造成的受挫感大多数都落在了别人身上，与他们自己无关。人们恼怒于一根筋的支持者、无事不问的怀疑者和特立独行的叛逆者，但那都是他们的问题。至于守义者，其负面特质的全部冲击都由守义者自己承受。守义者能成就别人的预期，却不能达成自己的预期，这一状况常常令他们烦恼不已。

有位守义者写道：“工作上的任何事情我都能完成，我还是一个热心肠的人，随时准备帮助别人，但是，在一天结束之时，我常常自问：‘今天你是否为实现自己的梦想做了些什么？’然而，很遗憾，答案经常是一个大大的‘否’字。”

有时，我向守义者指出，外部督责是达成内设预期的关键，但他们并未因发现这个直接的解决办法而如释重负；相反，他们抵制依靠系统的外部督责机制。

我有一次在讲解四种趋向理论时，一位守义者提问：“守义者不能变成支持者吗？我想让自己能专注于自己的那些预期，但又不想依赖外部督责。那样也太弱啦。”

我字斟句酌地说：“在我看来，要想改变你本性中的某个基础的方面，就算不是根本不可能，也实在是太难了。但是，为自己找到获取外部督责的办法还是非常容易的。所以，为什么不用简单的方法呢？”

守义者与其盯住其趋向的这一弱点不放，倒不如找到一些借助督责的方法来抵消其负面影响。

针对他们同样的行为，不同的守义者会有不同的解读，这完全取决于他们各自的出发点。有一位守义者说：“是啊，我体重超了20磅[①]，我从来也不锻炼，我确实应当去看牙医了，但我不想耽搁办公室里的任何事，我是一个好丈夫、好父亲，一直都是一心为家。我觉得自己做得挺好的。”另一位守义者却说：“我从来也不耽搁办公室里的任何事，我是一个贤妻良母，一心为了我的家，可是我体重超了20磅，我根本不锻炼，我确实该去看牙医了，我觉得自己糟透了。”

但是，无论守义者是欣然接受，还是抱憾拥有其守义者趋向，他们常常都误读了他们的行为模式。即便他们准确地了解到，守义者能达成

① 1磅约为0.45千克。——编者注

外设预期，但却不能达成内设预期，他们对于原因的判断也是错误的。

有些守义者将此特点归咎于他们的奉献精神和高强度投入。“如果客户有事要我做，我就根本不能为自己做任何事了，而客户那儿总是有事需要我做。”

有些守义者为了彰显自己的豪侠仗义，竟至不管任何情况也要达成预期。有位读者跟我讲了她上司的事：“她的医生嘱咐她待在医院里，可她刚动完脊椎手术就跑去出席一个工作聚餐活动。她一向就是这种行事风格。”

其他守义者则把他们的行为归为自我牺牲，“我总是先帮别人完成当务之急，却耽误了自己的要紧事”“我不可能为自己花这些时间”“人家都说我也该替自己想想了”。

另外，守义者有时也把他们的行为归咎于自尊心不够强，或缺少积极性，又或者是因为性格上的某些瑕疵。

我的一位朋友一直拖延去上对他晋职至关重要的课程，他说：“我很懒，就这儿毛病。”

“你说得不对！”我抗议道，“你在工作上一直都是准时完成任务。你还参加了跑步俱乐部，对不？”

“嗯，对。”他不情愿地承认。

“你的问题不可能是懒惰。其中肯定另有原因。”

守义者的行为模式出现问题的根源并不是自我牺牲、自我尊重、做事边界、做事动机、取悦他人、纪律等，而恰恰是——重要的事我再重复一遍——外部督责机制。

因为守义者经常错误地理解守义者行为的各种模式，所以他们很容易犯一个共同的、有时还是很严重的错误。守义者一心期盼自己能够摆脱那些压力重重的外设预期，譬如离开苛求过高的职位，而到了这种时候，他们就会发现达成自己的预期也不难。

注意！在大多数情况下，如果不添加某种形式的外部督责，那么，即便没有了外部预期，对守义者达成内设预期也不会有任何助益。正如一位守义者告诉我的："在生活中，对于守义者来说，为了实现自我的目标而扫清障碍的一切努力都是枉然。我这么多年一直在犯这样的错误。"

认识到拥有外部督责的必要性，对守义者来说是至关重要的。假如不是这样，他们也许就能怀着达成内设预期的期望而创造出人生的重大变革，但这并不会发生。举一个例子，有位读者在我的博客中留言：

我拥有博士学位（这归功于我的许多守义者人品），但是整整5年的拼命写作弄得我几近崩溃，而我写的却都是对别人相当重要，对自己却一点儿用也没有的东西。于是，我决定要为自己花一些时间，实现一些自己的目标。主要有减肥、写我的第二本书、开一个博客账户、搞一个休闲放松计划，以及重新装修我家的房子。到目前为止，书还没有开始写，博客也没开，而我却又胖了14磅，休闲放松计划也肯定不会在近期再考虑了。然而，房子重新装修却一路进展得相当顺利，因为我知道，我丈夫看到了一定非常高兴。

另一位守义者也晒出了他退休后的经历，与上面这位惊人地相似：

度过了 25 年非常成功的公务员生涯，尤其是和妻子一起将两个女儿培养成人之后，我是真心巴望着退休。终于，我可以有机会来追求自己的兴趣、做自己想做的事情了。我甚至不惜牺牲部分收入来换取提早 5 年退休。

几乎同时，我就发现自己找不到动机去做这些我知道自己会非常享受的事情：参加培训课程、去健身房锻炼、完成家居的更新装修。

我争取做到的只有一件事：参加了一个徒步行走俱乐部，每周三和周六早上去远足。我现在才明白，这其实是一个外设预期，正是因为我知道人们都等着要与我会合，所以我头一天晚上就铆足了劲儿，并于第二天一早 7 点就出门了。

但是，由于一次次地完不成自己个人的目标，我对自己越来越失望。自打学习了四种趋向理论，我感到豁然开朗。我也许能够找到一条途径来最终完成所有这些事情。

一位守义者告诉我："我们守义者总是先替别人考虑，然后才轮到自己。"我差一点忍不住要喊出来"不，不！"但我还是保持了镇定，平静地说："我觉得事情并非如此，并不是因为守义者总是先照顾别人，所以等到他们要想为自己做点什么的时候，他们已经没有多余的时间和精力了。事实是，他们只能达成外设预期，而达不成内设预期。这两者是有非常大的区别的。"

一旦守义者掌握了其性格趋向的模式，他们就能够找出驾驭此趋向力量的诸多方法，从而克服其弱点。一位守义者对我说："既然我知道自己是守义者，那与其违逆自己的本意，不如让自己的本意来指路。"

家庭成员属"内"还是属"外"

守义者积极应对外设预期，而纠结于内设预期，但是不同的守义者会用不同的方式来划定外设与内设之间的界限，而这条界限也可根据不同的情况加以变化，比如说，在家庭内部。

对于许多守义者来说，配偶或家人被看成是自己的一部分，因此配偶的预期就成了内设预期，也就顺理成章地被无视了。有位怀疑者沮丧地写道："我丈夫对待我就像对待他自己那样不上心。我真没开玩笑。我希望他对自己好点儿，也对我好点儿。"

我妹妹伊丽莎白告诉我："我算是明白了，如果我们需要做什么事，譬如给某人寄账单之类，那我更愿意是按照亚当（伊丽莎白的丈夫）的请求转发邮件，而不是直接发邮件给那个人。如果这种请求来自外部，他也更愿意这样做。"

有时，身处的环境决定了家庭成员到底属于"内"还是"外"。有位守义者型的朋友是一个非常细心的父亲，他通常将自己对孩子的责任看作外设预期而随时予以履行。然而，他供职于客户服务领域，当工作职责与家庭义务相矛盾时，客户一方自然胜出，因为其属性更"外"。

这种属"内"还是属"外"的性质转换或许会引起婚姻中的麻烦。

有位读者写道：

> 我是一个守义者，每当我们（我和我的丈夫）与其他人相处时，我们的婚姻就会发生冲突。我从唯丈夫的意愿是从，转而为身边的其他人尽力。这使得我丈夫感到很困惑，因为他已经习惯了我对他唯命是从。另外，我对待丈夫就像对我自己一样，也就是说，这下他的需要/要求得排在别人后面了。我们闹了那么多次矛盾，可竟然从来也没有了解到问题的核心。

另外，如果守义者把家人的预期看成是“内设”预期的话，家庭成员就不可能成为高效的外部督责资源。

有一位事业相当成功的守义者商人告诉我：“好几年来，我妻子一直在跟我说：‘为你自己花点儿时间吧，去健身吧。你为公司做了一切，你太亏欠自己了……’我根本就不听。谁有那闲工夫？后来，我们公司董事长说：‘艾德，我们今年会有好多大事要办，而你看看你，好像分分钟都有可能心脏病发作似的。许多事情都还指望你呢。快去减肥吧，锻炼锻炼，同时也好好休息一下，去看个医生。’于是我就照做了。”

反叛式崩溃：说翻脸就翻脸

守义者经常感到被人过度利用了，事实上也确实如此。因为，无论如何，只要到了需要请人帮忙的时候，试问我们会找谁？是支持者、怀疑者、叛逆者，还是守义者？那当然是守义者，因为只有他们才最愿意伸出援手。作家卡洛琳·纳普（Caroline Knapp）在其散文《愤怒的囚笼》(*The Rage Cage*)中讲述了一则守义者的故事：

> 一位朋友请我帮她遛狗，这个忙听上去挺好的，但其实却让我非常愤怒。她开口的理由十分气人：她的搭档感冒了，那意思就是说她头一天已经遛过两次狗了；而眼下她正忙着给学校写文章，所以第二天再要遛两次狗就觉得吃不消了。我站在那儿听她说这些，就想：我每天都要遛两次自家的狗狗，该做的事也从来一刻没耽误；她这么说简直荒唐，而且有辱于我。但是，我并没有跟她说，你就忍一下自己去遛狗吧，相反，我咽下了这口气——早晨6:30到她家去领狗狗，然后尽心尽责地牵着它绕着青青池塘小跑一圈，完了再送还到主人手上。而且，在那一周余下的几天里一直这样领着她的狗遛弯儿，心里却感觉被人家占了便宜，被利用了，窝火透了。

如果那位邻居提出请求的对象是根本就不愿意遛狗的支持者、怀疑者或叛逆者，那她得到的回答就是一个字："不。"作为支持者，我会这么想："抱歉，我自己还有好多事要做呢。"怀疑者说不定就会问了："我为什么要帮你遛狗，我自己比你还要忙呢？"而叛逆者则会想："我才不想遛什么狗呢，不遛。"此事的窍门就在这里，那邻居很明白要找就得找守义者，因为守义者绝对是好说话的邻居，就算他们自己也有狗要遛，也有自己的事要做，也要按限定时间交差，他们还是会替你去遛狗，帮助你渡过难关。

属于其他几种性格趋向的人们不仅会拒绝被守义者视为义不容辞的

预期，而且还经常一点儿也不同情守义者。守义者也许把自己的行为看得很高尚——“我是先人后己”，但属于其他三种趋向的人可不这么看。支持者、怀疑者和叛逆者会分别这么说：“要是那天弹吉他对你这么重要，那就甭废话啦，赶紧去弹吧。”“噢，敢情你不愿意做这个作业呀，那你干吗同意呢？”“你说每场客户晚宴我们都得参加，可我又没同意，我不去。”

就因为人们的这种态度，守义者才经常心里不痛快，觉得不被人赞赏。守义者也许认为支持者、怀疑者和叛逆者都是以自我为中心的自私自利之辈，而支持者和怀疑者也确实是以自我为中心且自私自利的，但仅在于实现“自我”目标这个意义上，因为这就是所谓的内设预期，而他们是将之置于所有行动的核心。叛逆者似乎也是以自我为中心，但理由却完全不同。

守义者这么容易感到被人利用且累得要死，这里面还有别的原因吗？有，那就是他们通常很难把任务分派给别人。出于某种原因，一项特别的任务必须由某位守义者自己完成，而且不容外包。在这种情况下，他们就会想，“没人愿意做，最后就扔给我了呗”或者“这事除了我，别人还真做不好”。

有一次演讲，我讲到了守义者的这一特点，演讲结束后有个人就跑过来找我。“我老婆就是一个守义者，你讲的这种情况在她身上就存在，简直搞得我要发疯，”他说，“她坚持想要把她家七近八远的亲戚全都请到我们家里过感恩节，然后却又开始抱怨随之而来的一大堆要干的家务事——下厨和打扫。我说：‘那咱们请个上门厨师，再找个钟点工帮忙打扫吧。’可她就是不愿意。但是，她转而却要我帮忙！我可不愿意下厨或是打扫卫生。我对她说：‘你要不想做这些事，可以不请那么多人来家里。要么也可以雇个人来做。但是，如果你一定要请，而且选择自己来做，就别再抱怨啦！也别把我拽进来。’”

我给了他一个建议：“你这么说：‘你如果一个人在那儿忙得不可开交，哪里还有时间和请来的亲戚们聊天呢，这会让客人觉得受了冷落。我们一年也见不了他们几次。咱们就雇些人来帮忙，这样你就可以一门心思地好好招待亲戚们。’你也可以这样说：‘你穿着下厨的衣服在一边烧菜，心里还得想着客人这边，又烦又累得不行，最后，不消说，就要发火了。大过节的，咱们让大家伙儿都开开心心好不好，就雇个上门厨师吧。我建议咱们就这么办，你要是听不进去，我会很失望的。”

有位守义者朋友跟我谈到，他妻子是如何想办法同他的这种守义者特质周旋的。“我妻子对我简直太了解了。我觉得应该自己动手平整家里的草坪，但其实我是很不愿意做这件事的，平时没空就只能周末干，所以常常拖延，这让她忍无可忍。而且，我还不愿意叫人上门来服务。后来，有一天她回家跟我说：‘我和邻居家的儿子说好了，让他来咱们家收拾草坪。他读大学需要钱。’既然这样，我可不愿意让那孩子失望。”

这个守义者的问题也常常出现在职场中。守义者经常发现自己很难拒绝某件事情，但同时又不能委托分派出去，这样往往就面临进退维谷的局面，最后甚至搞砸。守义者应当谨防陷入这种局面，要想办法分授或是管理这些责任。

由于守义者很容易感到被人忽略或被人利用，所以有时会表现出某种剑拔弩张般的有害行为模式。如果持续不断的外部压力让他们感到难以承受，守义者也许就会到达守义者式反叛的临界点，直接拒绝达成某些预期，而且这些反叛行为的发生常常是毫无征兆的。当所谓的守义者式反叛出现时，一直在为达成某项预期而努力的守义者会突然决定“不干啦！”并彻底罢工。

守义者式反叛既可以是一次性的行为，也可以是一种长期的行为模式；它既可以表现为某些极不起眼的细微拒绝，也可以是改变人生的惊天之举。

超级网球巨星安德烈·阿加西（Andre Agassi）的杰出回忆录《公开》（*Open*），揭示出他其实是一位典型的具有守义者式反叛行为的守义者。他能够达成他人的预期（如其父要他在网球上创造巅峰成绩的要求，或其女友要和他结婚的要求），但却一直难以达成自己的预期。他通过采取一些很小但却很有象征意义的行动来宣示自己的守义者式反叛，譬如为表明要与网球传统决裂就穿着牛仔短裤上场，或者留着怪异的胭脂鱼发型，而他自己把这些行为统称为“对自己生活中缺少选择的反击”。阿加西身上所展示出来的，除了作为守义者而与生俱来的巨大能量和才华，同时也还有守义者内心因感觉一直在为他人做事而生发的怨愤。

论及著名的守义者运动员，老虎伍德（Tiger Woods）也是一位有过独特的守义者式反叛经历的守义者。他曾经多次向圈内的朋友们表明，他想离开高尔夫球场去参加海军海豹突击队。朋友们则劝慰他继续实现他们要他成为高尔夫巨星的期望。然而他反叛了。

许多具体情况都有可能最终导致守义者式反叛的发生。

下列就是其中一部分：

- 预期目标宏大但极不现实——“你能打破今年的销售记录！”
- 预期任务不公平，因为别人没有做好他们自己那份活儿——“你还在干呢，那帮我把报告也一块儿校对了呗？”
- 预期里隐含令人尴尬的因素——“你房间简直乱套了，看着都叫人可怜。”
- 预期唠叨且不以为然——“你今天到底还去不去健身房？”
- 预期乏味且丝毫没有满足感——“你该去打推广电话啦！”
- 预期剥夺了守义者源自个人成功的自信心——“你在这个课程中减肥成功，那都是因为我指导有方。”
- 提出预期的人很难被取悦或对守义者无动于衷——“如果这就是你能做出的最好的活儿，我看我们也只能就这样发给客户了！”
- 预期引发让人感到被利用且顺理成章的那种感觉——“你今晚又要熬夜了，不是吗？”
- 预期并未真实反映守义者自己真心想要达到的目标——“以你在理科方面的才能，你一定能成为伟大的医生。你应该去读医学院。”
- 预期成了那根最后的稻草——“公司现在裁员，你要另外再多负责 10 家客户。”
- 预期释放愧疚或窘迫感——“你必须向全组人员宣布你的血糖含量水平。”

守义者经常困惑于自己间歇性发作的守义者式反叛。他们不能理解自己的行为，也控制不了，他们认为这一切都是性格使然。有一位守义者就把守义者式反叛形容为“差点毁掉我人生的那个大写的‘不’字”。

另外一位守义者则说：

> 我是一名雄心勃勃的博士研究生，还有一年就要结束分子生物学的博士课程了，但也是平生第一次，我竟然把没有用尽全力来完成或已经超过时限的项目作业交了出去。我感到好像有外星人进入我的体内。我开始问自己：我怎么会这样做？发生了什么改变？抑或，最恐怖也最诚实的一点，我为什么要攻读博士学位？意识到自己是个守义者帮我看清了这个事实，即我一直努力读博，其实是在达成妻子、家人、朋友和导师的预期，而并非我自己的目标。

正如上面这段话所表明的那样，守义者式反叛不仅会在守义者感到被人利用时爆发，也会在守义者意识到他们正在为他人所设定的预期努力时爆发，这些预期也不可能真心完成。

守义者式反叛还有一大促因，即平时太习以为常了。守义者不会抗议那些让人讨厌的状况，譬如工作分配不公、被过度利用或者缺少信任。那为何不抗议呢？因为他们认为不应该抗议。守义者想当然地认为其他人也一定会意识到重压之下的压迫感，于是一定会，也应当解除加诸守义者身上的重负，而根本无须守义者开口。也就是说，守义者期待别人有自知之明地停止向他们强加预期，而且无须事先提醒，就直接把守义者的重负解脱了。但常常这种情形并不会发生，于是守义者就勃然大怒了。守义者觉得即便他们自己没有表示反对，别人也不应该把这些沉重的预期强加到他们身上。

那其他人为何不放松起来呢？正如我们所知，属于其他几类趋向的人并不会经历与守义者一样的外设预期重负，因此他们对自己所施加于他人的痛苦重负彻底无感，而且，属于其他趋向的人还有自己抵制外设预期的办法，因而期望守义者也可以进行抵制："你如果不愿意做，那为何又要同意去做呢？""如果你不能在限期之前完成，那为什么要同意接受这项额外的工作？"

在守义者式反叛中，守义者不会给别人解决困境的机会；相反，他们自己会一声不吭地坚守，直到最后突然反水。守义者式反叛既可能让人一拍屁股就离职走人，也可能让婚姻和友谊的小船说翻就翻，而且事先全无预警。有位守义者回忆道：

我的几次反叛都是悄无声息、决绝、永不回头的。其中包括两段友谊、一个工作和一段婚姻，这些都是以守义者式反叛的形式瞬间结束的。我自己的感觉就好像电表跳闸一般。在先前的工作中，有好几个月的时间我都在努力达成在我看来完全不合理且得不到赏识的预期。终于，某个周一我给老板打了电话，当天下午我就辞职了。我不想做任何讨论，即使人家问我："我们要怎么做你才肯留下来？"

"你在我心里已经死了。"——事情的确就是这样，哪怕这段婚姻长达 18 年。在苦苦支撑这段婚姻关系许多年之后，某日早晨我一觉醒来，就绝对清醒地意识到，我的婚姻走到头了，而且绝无转机。

对这些反叛，我都不后悔，但我还是对趋向理论框架心存感激，因为它使我看到了承认预警迹象的好处。我承认，在我心甘情愿地做事、心甘情愿地振作起来的同时，这一风险也一直蛰伏着。

当然，无论哪种趋向的人都有可能决定结束一段人际关系。但是，在守义者式反叛的背景下，情况发生得极其突然。守义者往往一直在为达成某些看起来不尽合理的预期而努力着，直到“啪”的一声前功尽弃。有位守义者这样描述守义者式反叛：“我就是一颗马上要爆炸的炸弹，我根本控制不了爆炸的破坏力。”其他守义者还使用诸如“憋不住了”“脓包要炸了”“横扫一空”“沸腾”“喷薄而出”“火山爆发”等一类词来形容守义者式反叛的感觉。

守义者式反叛既可以是惊天动地的大动作，也可以是仅具象征性的小打小闹。有位守义者这样写道：“我只要晚到几分钟，我的一个同事就会叨叨个不停。我被他搞得不胜其烦，所以有时候，我干脆在车里故意多坐一分钟，而不是跳下车跑进去。迟到的感觉本来就十分不好，但他经常那样说我才真是气死我了。他越说，我就越是迟到。”

由此可见：故意迟到其实就是一种流行的守义者式反叛形式。事实上，在“更佳”（the Better）应用软件上，有人给我发了下面这个顶级奢侈品 T 恤的网站链接，上面的文字简直就是为守义者式反叛的守义者们量身定做的。

有些守义者努力将其守义者式反叛导入某种行为，尽管十分叛逆，但不会造成重大损害；而另一些守义者式反叛则会造成守义者自身的破坏。一位守义者解释说："我做一些事情只会伤害我自己，而不会危及那些请求我、要求我或建议我做某事的人。譬如，我事先毫无准备就上台演讲，或参加面试。就好像我一边按要求做事，同时又在反叛——我伤害的只有我自己，没有别人。"

有时，守义者式反叛会全方位横跨所有相关预期，尤其是在健康方面。有一位守义者写道：

> 如果事关工作、教会和其他志愿组织、社交互动、儿童抚养等，我愿意做人们期望我做的一切。但是，无论再细小的预期条件，譬如责任或是限制，只要与减肥或健身有关，就会让我在相反的方向表现得歇斯底里。我无法告诉你，我已经浪费了多少金钱在健身房及减肥俱乐部的会员卡上，结果却是一次

也没有去过健身房，也没有参加过一次俱乐部活动，而同时体重却反而增加了。

或许健康就是守义者反叛时惯常攻击的目标，因为在健康领域，其他人最喜欢把意志强加于人、喜欢唠叨，或者好为人师，因此任何的预期都感觉是外部强加的，然而与健康有关的一切后果却完全要由守义者自己承担。

在研究全国抽样调查的结果时，我饶有兴趣地发现，守义者和叛逆者一样，也赞同这一表述："我的私人医生给我解释了在人生中做出某项重大改变的重要性，但我到现在也还没有做。"就叛逆者而言，人们很容易理解他们为何要反对"医嘱"，但看到同样的回答来自守义者就让人感到吃惊了。我认为这里有两个因素：首先，守义者并非总是拥有完成这一人生改变所需的督责机制；其次，守义者也许正表现出针对健康预期的守义者式反叛。

然而，尽管守义者式反叛使得守义者更难以生活得健康、幸福和事业有成，但守义者式反叛也是一种重要的自我保护形式。守义者式反叛或许可以作为危及生命的紧急状况下的逃生舱口；它使得守义者可以挣脱讨厌的工作、无法忍受的配偶、难以为继的人际关系、沉重的责任担当。守义者式反叛就是一个安全阀，可以把即将压碎守义者的超级压力释放掉。

一般而言，经过一段时间之后，守义者式反叛的压力也会得到缓解，即便没有发生任何大的变化。然而，最好还是要对守义者式反叛保持警惕，首当其冲的就是要帮助守义者，使其避免出现崩溃和怨愤的情况。

那么，我们对于守义者式反叛能够做些什么呢？

一旦守义者认识了这种行为模式，他们就可以采取几个步骤来释放压力，譬如严密观察怨愤形成的迹象，并且做出如下之类的表述：“我们来看一下额外加班是如何分配的好吗”“我已经是三个委员会的成员了”“一个人根本照顾不过来两个孩子的周末安排，我们分分工吧”。

鉴于守义者非常容易崩溃，其身边的人们——家人、朋友、同事、医护专业人士等，都要在帮助他们避免崩溃状况出现方面发挥作用。我们可以建立某些机制，以鼓励他们说“不”，鼓励他们委派任务、中途休息、拒绝他人的请求，鼓励他们为自己留些时间，等等。有一位守义者写道：

> 我的未婚夫是一个守义者，我们经常会有这种感觉，好像我们所做的事情，大都是我喜欢做的，而不是他喜欢做的。最近，为了公平起见，一到周六上午，我们就都坐下来，逐一列出本周末想要完成的3~5件事。然后，就按照这个清单目标去完成。他现在明确表达了自己想要做的事情，我们也为他建立起了督责机制，因为我要问他待办事项的情况。

守义者一旦陷入守义者式反叛，就需要摆脱预期，但是吊诡的是，他们需要外设预期来达到摆脱预期的目的。一位经理在目睹了守义者不堪重负的情况后，也许会从这位守义者的工作内容中减去某些职责，或者斥责守义者的同事们把过多的活儿都推给守义者。

因为颇具戏剧性，所以守义者式反叛经常会出现在小说和电影里，其中最为著名的例子或许就是那部经典的圣诞电影《美好人生》（*It's a Wonderful Life*）。乔治·贝利（George Bailey）[詹姆斯·斯图尔特（James Stewart）饰] 是一个守义者，在每一个关键时刻，他总是达成外设预期，而非内设预期。有意义的是，当乔治最终陷入守义者式反叛时，他将目标对准了自己——在剧中，他差一点儿就从大桥上飞身而下了。然而，可悲的是，并不是每一个守义者都有克拉伦斯（Clarence）这样的天使来解救他们。乔治的故事也展现了一种常见的守义者思维模式，即坚信某项预期一定得自己亲自完成。就如双方同意的那样，为什么不能由乔治的弟弟哈里（Harry）来接手经营"贝利建筑及贷款公司"？或者就算哈里不想做，那难道不应当是哈里自己要解决的问题吗？

小结：守义者

可能的优势：

好老板，有求必应的领导，具有团队精神

将达成他人的预期视作义不容辞的责任

负责任，有担当

愿意付出更多努力

积极回应外部督责

可能的劣势：

极易过劳并崩溃

有可能展现具有破坏性的守义者式反叛模式

易被人利用

有可能充满怨愤

难以说“不”或设定底线

第八章

与守义者打交道

“少说点‘行’。”

不要过度利用守义者型的员工

在很多情况下，守义者可以是非常棒的同事和上司。他们始终如一，有人需要帮助时总是全力投入，有任务时也总是自告奋勇，外部条件发生变化时，他们也能随遇而安。

对于一般工作场景下的各种预期——通常无可避免地会有最后时限、绩效评估和可提交成果的要求，守义者都能应对自如。在极少外部督责不能自然呈现的情况下，主动提供督责就是至关重要的。空洞地讲大道理，通常对守义者完成某项预期徒劳无益。

一位作家朋友，同时也是一位守义者，回忆说：“我在约稿合同上签字的时候，我跟责任编辑说：‘一般要在不得不交稿的情况下，我才能写出东西来。请你全程为我设定一些哪怕是假的交稿限期吧。’可他说什么？‘别担心，这本书一定特别棒，你一定能搞定……’他好像多明白似的。”

“后来呢？”我问。

“比预定时间提前三周写完了。如果我再早一点动手，结果会比这还要好。”

由于没搞清状况，责任编辑拒绝提供督责机制。如果他了解这位作者是一个守义者，他也许会采取截然不同的处理方法。

在任何场景下，如果人们要求督责，就应当让他们获得督责；人们之所以要求得到督责，是因为他们确实有此需求。有一位守义者告诉我：“我和自己的上司说，我需要一位严厉且要求高的老板。这样，我更能出活儿，也干得更好。”

由于守义者总是十分重视达成外设预期，因此其他人就老想利用他们，而一旦他们感到被人利用，过度劳累，守义者们就会陷入守义者式反叛，而这对于经理和上司来说都是很棘手的。有位守义者说：

> 我是一名护士，我工作的单位人手不足，遇到病人打电话来就会有问题，三班倒也排得很紧。我在那儿已经工作3年了，我的上司觉察出我们当中有些人是守义者，就不停地要我们多值分外的班，拼命压榨我们。这让人感到很没劲儿，一边是我们在坚持工作，一边却总有那么几个“请病假”的护士整天活跃在脸书上。有很长一段时间，我都一直在为单位排忧解难，但我终于撑不住崩溃了，现在完全处于反叛期，无论何事一概拒绝。

正如此事例所示，守义者常常纠结于要不要说不，而一旦那天他们说出一个大大的“不”字，那问题就真的很严重了。

因为守义者通常都是非常宝贵的雇员，经理要格外留意守义者，避免出现守义者式反叛，这一点至关重要，否则，如此宝贵的雇员就会感到“受够了”而一怒之下不辞而别。

为了避免出现守义者式反叛，老板也好，雇员也好，同事也好，都应该帮助守义者建立底线和边界：

——提醒守义者要适当对某些事说“不”，以便对更重要的事情说“好”：“我周五就要看到你的报告，如果你一直都陷在别人召开的会议里面，我怕你到时交不出报告。”

——设立最终底线以避免崩溃和守义者式反叛：“你现在已经有权利度假了，我一定会让你享受这个假期的。”

——防止他人利用守义者：“我们大家都面临交稿的最后期限，所以团队里的每一个人都必须做好自己那部分的工作。”

——向守义者指出他们有责任带个好头：“如果你一直待到晚上9:00，你就为同事们树立了一个坏榜样。”

——如果守义者已经承担了过量的工作，就给他们减少一些工作任务：我的一位在金融机构当领导的朋友跟我说，“我有一个非常难得的雇员，他的确是最优秀的人才。每一个人都想和他一起工作，因为他让大家都充满活力，但他不能一直对谁都说‘好’。长此以往是行不通的。他最近一次向我述职时，我对他说，‘你干得太多啦，也干得太好啦，但我说这话可是在严肃地批评你’。他不会委派任务，也不懂进退。因此，我们就把他的工作量减少了很多，他现在工作得更好啦。”

守义者经常能成为不起的老板及伟大、甚至具有远见卓识的领导人，因为他们深知自己对组织所承担的这一份责任。他们反应敏捷、责任心强。然而，正如其他性格趋向的人们一样，他们也纠结于如何理解那些属于不同性格趋向的人的想法。有位守义者写道：“我是一个守义者，身为经理，当有人对我说‘不’或是东问西问的时候，我感到很难做。”管理与自己性格不同的人是一件颇具挑战性的事情，第一步就必须承认这种不同。

守义者偏向达成外设预期的特点，往往会给守义者型的老板们带来麻烦。一位支持者型的朋友给我讲述了他在新的工作上遇到的糟心事。“我的老板是一个不折不扣的守义者，”他对我说，“她是首席执行官，却放下一切去帮助一个客户或者雇员，降低了我们整体的工作效率。搞得我们一事无成。”

守义者单独外出执行任务，就会面临一些特别的挑战。在办公室里，其工作效率可以超高；但如果单枪匹马出去干，一般都会败下阵来，因为缺少外部督责机制。因此，如果守义者想要自己创业，从一开始，就必须建立起系统的督责机制。督责方可以是创业培训师，可以是良师益友，也可以是顾客、客户和学生（即便还没到报恩的时候），还可以是“更佳”应用软件上的一个群组。总之，督责来自何方不重要，但必须得有实际存在的督责。

一旦成了小有成就的企业家，守义者也许就会发现，达成工作上的对外承诺比较容易，譬如，根据客户的要求按时完成合同内容、按时纳税、回复来电等。但对于那些来自内部的任务，如建立内部的互动联络、拓展业务，以及对那些浪费时间的要求和那些太过挑剔的客户说不，则显得力不从心了。无论何时，解决之道就是找到底线和边界构成的外部体系。

做守义者的督责搭档

由于一向十分重视达成他人的预期，守义者可以成为非常好的配偶。然而，他们的配偶也有必要认清守义者的行为范式。

举例来说，如果守义者请求配偶担任其督责搭档，那么这位配偶就应该当好这个督责搭档，或者找到另一种方式来提供这种督责。一位守义者解释说："我之所以每天都能坚持锻炼，是因为我让我先生每天一回到家就来问我锻炼的情况。如果我没有去锻炼，他就竭尽全力来鼓励我，这样第二天我就会感到有更大的动力去锻炼。健康在他的眼里非常重要，而这也使我能够一路坚持下来。说起来有点疯狂，可是就因为他每天都会问我的情况，所以即便我已经养成了习惯，但仍会感受到那种想要征服任务的冲动。"

丈夫和妻子还应该在帮助对方避免发生守义者式崩溃或守义者式反叛方面发挥作用，方法就是提供必要的外部督责来限制守义者的义不容辞感。"你得去眯一会儿。为了我，快躺着去吧。"

有位守义者说："我先生主动提出，周六上午他来带孩子，这样我就能去参加我喜欢的编织培训班，但是不知怎么搞的，我就是去不成。"她丈夫或许应该这样说才有效："你难道不愿意给孩子树立一个坚持好习惯的好榜样吗？"或者："我和孩子每周正好可以利用这段特殊的时间在一起单独相处，这不是挺好的吗。”充分尊重守义者的价值观有助于守义者将一件事情坚持到底。

一位网上直播节目的听众写道：

> 了解到我先生是一个守义者，这着实让我吃惊不小。这简直太好了，他人很善良，所以我得“保护”他对自己的承诺。只要我开口，他立马就会放下自己的事情来帮我。我得悉心观察他，免得他把自己重要的事情都给耽搁了。他的前妻利用了他急公好义的天性，所以我要给他划好一些边界。

通过给她丈夫“划好边界”，帮助他该说“不”时就说“不”（包括对她），从而防止别人利用他，这位妻子就这样成功避免了其丈夫可能出现的守义者式反叛。守义者身边的人们都可以通过预判的办法来阻止守义者式反叛的发生。如果守义者的配偶长期出差在外，把三个孩子都留给守义者来照看，那么这位配偶就应该聪明地这样说：“这一段时间你又当妈又当爹，我真的感激你所付出的一切。我要你这个周末好好地恢复一下精力，做做自己喜欢的事情，孩子们就交给我来照看吧。”

由于守义者对达成外设预期的压力比较敏感，因此他们的配偶应当谨慎小心，不要说些不过脑子的随口评语让守义者感到有压力。一位妻子也许会不经意地对其守义者型的丈夫随口说“也许你真的可以去少年棒球联合会当教练呢”。砰！

别让高预期压垮孩子

在我的观察中，要判断一个孩子是不是守义者常常很难。支持者和叛逆者都有极端的个性，且会比较早地显现出来，但孩子不像成年人那样有自主的能力，并且在很大程度上还受到成年人的控制，因此很难精准定位他们的守义者的性格特征。

一旦确定孩子是守义者，家长就应该充分考虑孩子的这一性格趋向。守义者型的孩子，与所有守义者一样，都仰赖督责机制。如果一个守义者型的孩子必须练习钢琴，那么制作一份练琴的曲目时间表会很有益处，老师和家长可以根据这个进度表和孩子一起复习。口气和缓的提醒也能有所帮助："已经4:00了，该练琴啦。"或者老师还可以这样解释说："你练没练过琴我一看就知道。"

如果守义者型的孩子想要达成某项内设预期，父母就应该帮他寻找一种外部督责机制，以促使孩子坚持到底。有位家长回忆道："我女儿想教会我家狗狗许多技巧。我就说：'太棒啦！今年州博览会的时候，我们就帮你报名参加4H爱犬选秀赛。'"

然而，要注意别把预期设得太高——"太棒啦！我们给你报名参加4H爱犬选秀赛。你和巴纳比一定能赢得优胜蓝带！"因为这会让孩子感到巨大的压力，最后导致守义者式反叛的发生。

更为重要的是，要确定孩子没有为了让他人（包括父母）高兴而拼命做事，从而负担过重，或者失去了对于什么能使他们感到快乐和成功的判断力。

正如在所有境况中，当人们要求督责机制时，就应该让他们得到督责，这是非常重要的。有一次，我在一场活动上讲完话之后，有个女士告诉我："我女儿一直跟我说：'我要考 GRE，我想读一个培训班。'而我却一直回答她：'瞎扯，你买几本 GRE 的书，自己学不就行啦。'但现在我明白了，她是对的，她是应该读一个培训班的。"

守义者之所以要求督责，是因为他们明白自己有这个需要。

人们愿意为"监督"付费

在四种性格趋向当中，守义者是人数最多的，换言之，医护专业人士要和许多的守义者打交道。总体上，当医生、护士、理疗师、营养师、训练员、教练或者教师监督守义者的相关进展时，守义者都会受益匪浅。譬如，一位健身指导可能跟学员说，如果你们谁翘课，就会收到一封电子邮件，或者他会照实记录，再或者直接告诉守义者，如果谁不来训练，他就会感到失望和愤怒。

我在纽约的一家人气很高的健身房给教练们做过一次演讲。事后，一个教练告诉我："就督责机制而言，有人说我们可以尽可能地利用好人们的名字。"

"这是个好主意。"我说。

"但我发现我可以做点别的什么，"她补充道，"学生下课要离开的时候，我以前通常会说：'下周我还会在这儿。'但现在，我想这样说：'下周我在这儿等你们来。'这么一说，人家就会觉得我是真的盼望他们来上课。"

"太棒啦！"我说。

无论何时，只要人们需要督责机制，就应该尽可能地给他们提供。

有一位守义者回忆道："我跟我的私人牙医说：'请监督我实现洁齿的承诺。我下次来做检查的时候，如果口腔卫生很差，你一定要狠批我！'她笑了，但还是答应了我的请求。从此，我每天晚上都洁齿。"

每一年，市场上都会出现更多的技术设备、应用软件和各类服务，帮助人们获得个人卫生健康行为的督责机制。尽管这一切都可以极其有效，但更重要的是要将合适的督责机制完美地匹配给具体的守义者。对一些守义者而言，一封具有提醒作用的电子邮件就足以让他按时吃药，或者一只运动记录仪也足以督促他每天坚持锻炼；但对另一些守义者而言，或许一个可以施以惩罚的应用软件更有用。在"更佳"这款软件里，人们能够很容易地建立起督责小组，从而使得督责机制更具真实感。越是具有具体的个人感觉的督责就越是有好的实际效果。

研究表明，很多人都愿意为某种督责手段支付额外的费用。事实上，如果我是教练，我会告诉学员："我们的政策是，如果你在离上课不到24小时的时候退出，我们一样会收取你的全额费用。如果你愿意，我们甚至可以要求你支付3倍的费用。"有些守义者告诉我，他们愿意支付3倍的费用。

守义者常常可以为别人做事，但却不能为自己做事，因此，当有人向他们提及某些与健康相关的医嘱对其他人具有溢出效应时，他们或许才更有可能遵循这些医嘱。反之亦然。有位守义者写道：

> 我已经怀孕6个月了，其中有5个月，我都一直每天服用产前维生素，从来也没有间断过，我心里就想着要尽一切可能来保证宝宝的健康。一个月前，我读到一篇文章，说胎儿要是

缺少必要的维生素就会不太好，所以胎儿就会从母亲的体内储备中攫取，如此说来，维生素更多地还是为了母亲的健康。既然维生素是关系到我自己的健康，而不是宝宝的健康，那么，现在每个次日要是我都还能记得吃维生素，那我的运气也太好啦。

守义者身边的人们不仅应当给他们提供有益的督责，同时也要避免引发守义者式反叛。他们不应该过度督促或者唠叨个不停，也不能把预期目标设得太高，以免吓着他人；相反，他们应当尝试帮助守义者获得被鼓励、被支持和被督责的感觉，当然这要在合理的范畴之内。知易行难嘛。

职业选择：内心认同 + 外部督责

只要有外部督责机制，并且对守义者式反叛保持警惕，那么，守义者就几乎能将任何事情做得非常好。在选择就业路径时，守义者应该记住，他们在具有外部督责的职场环境中更有可能获得成功。有位守义者这样解释道：

我最近跳槽了，新工作对守义者更适合。我是从搞学术研究起步的，一开始干得极为出色，那时候我对自己的博士生导师有义务要尽，所以总能做出很好的研究成果，写出很好的论文。然而，当我开始进入选择职业的阶段后，我唯一要尽义务的对象就是我自己及自己的研究课题，于是，我就发觉事情越来越难做了。我最近退出了学术研究领域而转到纯教学岗位，我非常喜欢新的岗位。现在，我每天都有机会去达成其他人的预期。

一位守义者型的老板解释道："守义者与我们机构所秉持的以任务为导向和以团队为中心的文化完美契合。"

在做出职业抉择时，守义者应当警惕那种欲为他人达成预期的冲动，不能忽略了自己的志向。由于这个问题是守义者的性格趋向的核心问题，守义者必须想方设法弄清楚自己内心的真实需求，然后构建起能够对他们自己形成督责的外部结构。如果做不到这一点，他们就会发现自己处于职业路径的最底端，而且这个职业路径完全不适合他们，由此守义者式反叛也就会经常出现。

如果所处的环境适宜，那么，守义者几乎可以在任何职业中取得成功。许多守义者都跟我说，他们相信守义者的观念恰好就是他们工作领域的一种要求，涉及的专业繁多，包括企业法则、社会工作、个人理财，还有医疗卫生。"我的工作团队经常找那些熬通宵的人来写代码，"有位守义者告诉我，"但时不时地就有人跑过来跟我说：'对不起，我不想再继续这样做下去了。'这样的人也的确干不长。"

有一次在我向某个企业家协会演讲完之后，有位协会的成员跑到我跟前问道："既然我现在了解了这四种趋向，那以后我就只招收守义者了。我需要的雇员就是要能够达成工作预期，无论是什么工作。你能告诉我在招工的时候如何才能辨别出来吗？"听了他的话，我多多少少被震惊了。我不认为他心里会为守义者的利益着想。

小结：与守义者打交道

他们随时都可以达成外设预期，但却纠结于达成内设预期。

他们极端重视践行对他人的承诺。

无论是监督、最后时限、全程督查，还是其他形式的督责，只要有督责机制存在，他们就能够获得成功。

他们很难给他人的要求设定限制。

他们很难给他人委派任务，因为他们认为有些预期项目就是该由自己亲自来完成。

他们必须要有完备的外部督责体系才能达成内设预期。

他们或许会被占他们便宜的人所过度利用，而正因如此……

他们或许会感到怨愤直至崩溃，在此情况下……

他们或许需要经理或其他人来帮助他们舒缓预期的压力，否则他们就会反叛。

第五部分
叛逆者：
你左右不了我，我自己也不行

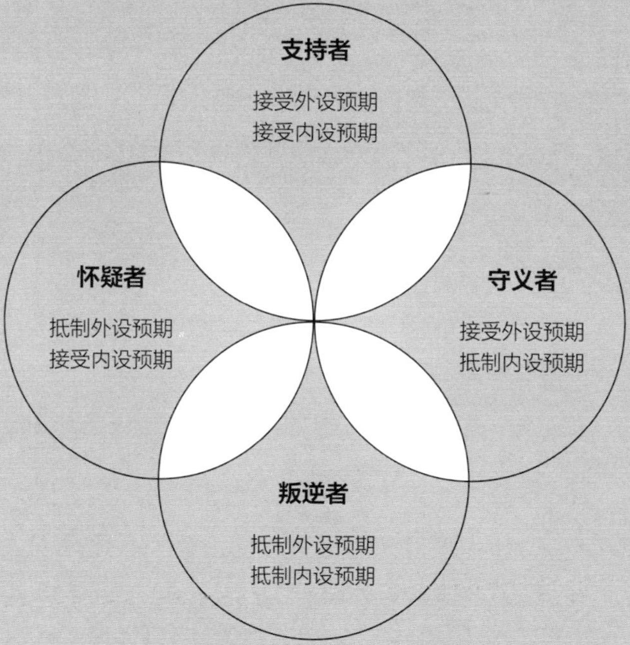

第九章

理解叛逆者

“不得不为之者难，从心所欲者易。”

每一天，从早到晚，我们每一个人都会面对许多外设预期和内设预期，而我们必须要做出决定：“我应当达成这个预期，还是抵制它呢？”

对于叛逆者而言，答案总是那样明白无误：叛逆者抵制所有的预期，无论是外设的还是内设的。他们只会做自己想要做的事情，并且只在自己的时间安排内按照自己的方式去做；如果有人请求或告诉他们做什么事，他们一概都不会做。他们甚至都不会要求自己去做什么事。他们抵制来自内心的预期与抵制来自外部的预期一样劲头十足。

叛逆者的一切行动都源自其自身选择。叛逆者一觉醒来，脑子里想的就是：“我现在觉得做什么好呢？”他们抵制一切控制，甚至包括自我控制，经常以嘲弄规则、期望和惯例为乐。

叛逆者永远也不会被某类论点所说服，譬如“大家都指望你呢”“你已经付过钱了”“我已经完成了这个任务，你是不是可以完成那个任务呢”“我觉得这真的十分重要，那我们是不是可以达成共识，就从现在开始干呢”“做事情就应该这样”“你有一个约会呢”“你说过你会做的”“这样做可能更有效率”“有人恐怕会感到不方便啦”“这是违反规定的”“这是传统”“这是最后的时限”，或者“这也太粗鲁啦”。

如果换成下面一类说法，叛逆者们就比较容易响应了。譬如，“这一定会很好玩的”“这就是你想要的”“我真的挺担心这个，你觉得你干得了吗”“这对我真的非常重要，你觉得如何呢”。叛逆者可以做任何他们想做的事情。

对于叛逆者而言，做出抉择的能力是那样的重要，以至于他们有时会为了抉择而抉择——即使与自己的利益相悖或者根本就非自己所好，而仅仅是要让自己确信自己仍然有能力做出这个抉择。

在我的研究中，如果我问人们是如何坚持好习惯的，叛逆者最有可能这样回答：“一般说来，我是不会选择事先就将自己和某个特别的行动过程捆绑在一起的。”

在四种趋向里，叛逆者的人数是最少的。这是一个惹眼同时又很小的群体。

优点：特立独行，敢与一切唱反调

叛逆者做任何事都是自己选择的结果，因此，他们不像其他三种趋向的人们那样有那么多相应的压力。

叛逆者乐于应对挑战，但必须要以自己的方式来应对。一位叛逆者型的企业家这样解释道：

> 作为叛逆者，我总是在挑战中发展壮大。“你认定我不可能开启自己的事业？那你就瞧好吧！”每当我听到自己内心说

“我不行……”或“我永远也不能……”我就感到必须要做成此事。我奋力要做成那些貌似不可能完成的事情，就是想要证明我自己能行，而一旦真做成了，我也对自己感到惊讶。我认为，试图“激将”叛逆者去做某件正确的事情确实危险而又带有操纵意味，但坦率地说，这种方法在我身上还是相当奏效的。

叛逆者也以逆转他人的预期为一大乐事。正如一位叛逆者所说：“自从有人跟我说，在我家附近的那条绿道上走路很容易被抢劫，我就更加坚持在那条路上做健步走了。这当然不是什么坚持健康习惯的最佳例子，但甭管怎么说，总还算行之有效吧。”有位戒掉了酒瘾的叛逆者解释说：“人家说我永远也戒不了酒，而我偏就要在这件事上打他们的脸，证明给他们看他们的话有多不靠谱。”事实上，在我所做的调查里，叛逆者比其他趋向的人们更有可能认同这一表述：“我不在乎打破规定或不照常理出牌，我很享受这个过程。”

当他们做自己想做的事时，叛逆者通常都对自己非常狠，尤其是再加上“我就是要你好看”这个梗在里面的时候。有位叛逆者写道：

调查问卷说我是叛逆者，一开始我还觉得这不是真的。我是一名形体健美竞技者（属于健美塑体的比基尼分支）。我的饮食量和运动量都受到严格管控。我心想：“世上哪有肯这样过日子的叛逆者呢。”但是，这一切都是因为我想要这么做，而且还要完完全全按我想要的方式去做。我就是要这么做，尽管我很清楚我先生并不理解我，朋友们也都觉得我怪怪的，而我还得付出那么多的辛苦。当我跟别人说我是练健美的（我看起来很单薄，并不壮硕），或者我过去在海军里干过机械师的工作的时候，我就特别喜欢看人家脸上的那副表情。逆转别人的预期让我感到其乐无穷。现在看来我就是一个叛逆者。

叛逆者很容易抵制惯例和常规。例如，我迄今遇到过好几对叛逆者夫妇，其中养家糊口的往往都是妻子。我在《纽约时报》上读到过一篇文章，专门论述婚姻、家务事和收入的各种范式，于是我就想到了叛逆者。那篇文章讲道："妻子（比丈夫）挣得多，家务事和带孩子也明显做得更多，她们也许就是想以此来使其丈夫感到没有受到那么大的威胁，那位经济学家如是说。"但是，也许在我看来，这些男人都是叛逆者，他们不会为男人就应该比老婆挣得多的社会传统观念所困扰。而且，以叛逆者的行事风格来看，他们也不屑于通过在家里家外做些枯燥乏味又千篇一律的家务杂事来获得解脱。这与男子气概无关，它是一个性格趋向的问题。[1]

有时，叛逆者这一性格趋向对于社会具有非常巨大的价值。正如一位怀疑者指出的那样："叛逆者的最好资产就是他们敢与一切唱反调。我们不应当试着管教这一声音，或是以企业文化来取代它，又或是视其为耻而禁之。它就在那儿保护着我们。"许多"胸怀抱负的叛逆者"运用自己的叛逆者精神来支撑他们所信仰的原则和意志。有位叛逆者解释道："我一向都有挑战权威的冲动。我'以己之力做善事'。我质疑那些规章制度，有时甚至故意打破规章制度，因为我代表了那些受到规章制度不公正对待的人们。"无论何时，只要我听到有人不走寻常之路——

譬如第一位在石油钻台上工作的妇女，我就会想，这不就是叛逆者吗？

有位叛逆者对叛逆者精神做了意味深长的诠释：

> 执行任务中的叛逆者天生有力量，堪比超级明星。他们无须借助检查清单，或者例行做法、规章制度或习惯来搞定事情。然而，他们却需要找到自己的志向，也即真心信仰并愿意为之奋斗的东西，这一点至关重要。内心信仰是如此强大，它可以抵抗得住任何外在的压力。叛逆者坚信自己与众不同，甚至出类拔萃。这当然也有孤芳自傲的一面，但如果叛逆者找到了自己的志向，就会被它所主宰。

有这么一个选择词汇的鲜明例子，一位同样以自己是叛逆者为荣的叛逆者在称呼非叛逆者时使用了“麻瓜”一词。

叛逆者极其看重真实性和自决权，要在生活中真实地践行他们的价值观。其他人（尤其是守义者）与叛逆者们相处时感到相当放松，因为他们对自己想要的东西是如此不离不弃，对拒绝所谓义务也绝无问题。

叛逆者喜欢建立属于自己的，通常是特立独行的行事方式。有位朋友在给我介绍她所熟悉的某人之前，小声地在我耳边说：“如您所知，他就喜欢跟人碰拳。”啥？我有点困惑。然而，一点儿不错，当我伸出手准备和他握手时，那人却递了个拳头过来要和我碰一下。他根本就没打算像其他人那样握手。另一位朋友的叛逆者型的儿子原本拒绝申请任何大学，直到有一天他决定要了解一下那些鲜为人知的国际大学，而一旦找到了自己的路子，他自己便热情高涨地申请起来。

通常在不存在任何预期的情况下，叛逆者也许可以干得更好。有位叛逆者告诉我，在中学时代的最后一个学期，她取得了自己最好的成绩，而那时她已经被大学录取；大学最后一学期也是如此，那时她已经找到了工作。另一位叛逆者说："我正在写一本书，打算全部完成之后再找出版社签合同，因为一旦有了责任编辑和交稿时限，我瞬间就会一个字也不想写了。"

作为支持者，我研究我的"对立面"叛逆者，并从中学到了很多。叛逆者让我明白，我们可以比自己想象的更自由。如果我拒绝每天上午10:00之前起床，家人和同事都会来适应我。如果我决定余生每天都穿瑜伽长裤和运动鞋，我说不定也能如愿以偿。

我们的确比我们想象的还要自由。

缺点：抵制催促、规则和乏味

叛逆者趋向也为世界带来许多好处，但叛逆者也经常令其他人（也包括他们自己）备感受挫。

如果有人要求或告诉叛逆者做什么事，那这位叛逆者就极有可能予以抵制，这一特点为叛逆者的配偶、专业医护人员、父母、教师及职场经理人带来了难题。越是催促得厉害，叛逆者的反弹也就越厉害。有位叛逆者友人的话把我逗笑了："没有人能指使我做任何事。我最近收到一份电邮，标题一栏竟写着'请阅读'，我立马就把它给删了。"

叛逆者抵制一切他们认为有控制意图的事情，而不管这件事有多么简单，譬如，打个电话、接受聚会请柬、参加常务会议等。叛逆者即使意识到他们的抵制不仅会造成自我破坏、事与愿违，而且也与他们自己的期望背道而驰，他们也照样还是会抵制到底。有位叛逆者告诉我："糖让我生厌，但有时我也会想，'我得吃点糖'，因为我不能接受我不可以做某事的说法。"另有一位叛逆者写道："读高中时，我因注意力缺失而开始服用哌甲酯，后来我的注意力的确极大地增强了，可我又想，'凭什么你这药能控制我的人格？你以为你能一下子就跑到我嘴里，然后我在学校就能表现得更出色——尽管这也正是我心中所愿？'结果我的注意力增强了，但学习成绩反而下降了。"

有位学法律的学生这样写道：

> 我的人生其实相当成功，但却又总是与某种通行标准相悖。所有的人都指望我整夜整夜地用功，最好以图书馆为家。因此，我就偏要在下午到咖啡馆里做功课。在我就读的法学院，学生们都期待将来去企业制律师行，因为这些都是薪资最为优渥的岗位。因此，我本人就打算专攻宪法。然而，在某些情况下，我的叛逆者趋向也让我碰到不少麻烦。我现在就故意不上交已经超时好几个月的出勤表，我也因此缺席了许多"强制性的"活动和课程。

这一段自述揭示了一个重要的悖论：在叛逆者决心获得完全的自由时，他们却反而被控制了。这位法律学生之所以打算专攻宪法法律，并非因为他自己对该学科感兴趣，而是要刻意打破人们对于他会专修企业法的预期。叛逆是顺从的反面，但叛逆并不是自由。

某位叛逆者的一席话让我想起叛逆者趋向的这一特质，他说："同伴压力在我身上只能产生适得其反的结果。如果你想说服我做某件事，我自然就会心生逆反，从而拒绝做此事。”他没有意识到，其实他应对同伴压力的方向完全搞反了。

叛逆者希望按照自己的时间来完成任务，如果有人在背后催促他，他们就极有可能进行抵制，并使事情耽搁得更久。叛逆者身边的人们可能会责怪他们“办事拖拖沓沓”，但叛逆者可并不是不肯开始工作，他们只是不愿意被人呼来唤去。其实，对于叛逆者而言，你越是催促得紧，他们就越是不做事情。

当然，这种局面在叛逆者身边的人们看来，简直让人心灰意冷。有位叛逆者这样回忆其丈夫：

> 每当他完不成或者开始不了一件事时，我都恨不得替他去做。有时我都等了半年时间了，可事情还是没完成，最后我都觉得自己来做恐怕还更容易些。他会说，并不是所有的事情都可以在我的时间框架里完成。有一次，他开始小规模地装修房子，那也就是两个星期就能结束的事儿，他却前前后后搞了整整一年。我一提到这事儿，他就生气。他不喜欢我对事情做预判，他认为这是在控制他，而我却讨厌事情迟迟完成不了。

看着这段文字，我就在想：“说不定他花了一年才完成那件事，就是因为她总在一旁唠唠叨叨。”

叛逆者总是抵制按照时间表来做事情。在他们的眼中，年历牌上列出的一个个待办项目，无一不是对他们的束缚；而即便他们有时也做计划，却往往在最后一分钟取消。

叛逆者绝不肯做重复而又乏味的事情，譬如倒垃圾或是填写费用报表，除非不做后果会很严重。很多叛逆者都说，他们采用自动转账方式付账单，并且，如果经济上能够负担得起，他们也会花钱外包一些例行的服务。另外，叛逆者也已经看清楚了，只要他们这边刚一拒绝某事，那边立马就会有别人顶上来。

当然，遇到必须要做的事情时，我们都会去做，叛逆者也是如此。然而，经常出现的情况却是，叛逆者即使不得不做某事，他们也会按照自己的方式去做。我曾经问过一位叛逆者型的朋友，她是如何准时付账单的，结果她半秒未停就回答说："我上班时付账，反正都得干活。"另外有位叛逆者型的朋友去出席一些强制性的会议时，会旁若无人地在平板电脑上玩猜字游戏。会议组织者可以强迫他去参会，但却没办法让他认真听会。

即使叛逆者承认某项限制是有理由的，他们也会觉得很难接受。有位叛逆者就跟我说："我结婚已经 5 年，我很爱我的妻子。但我与一夫一妻制这种观念格格不入。我不喜欢别人告诉我什么不能做。我希望能享受没有缺憾的人生，发挥自己全部的潜能，也就是说，我不可能只守着一个人过一辈子。"（后来他离婚了。）

叛逆者经常拒绝接受某种身份标签，当然也不愿意受到这种标签的限制，就算这标签再精准贴切也不行。举例来说，有些叛逆者经常频繁地跳槽换工作，就是为了不被一种身份绊住。有些叛逆者宁愿就职于某些恰恰与他们自己曾经说过的截然相反的岗位，是因为他们不想有被困于某一特定观点的感觉。他们会拒绝完成自己曾经答应过的任务，因为他们不愿被迫采取行动，哪怕迫使他们采取行动的是他们自己过去说过的话。叛逆者常常不在意个人声誉，他们乐于被人视为难缠的异类（和其他所有趋向的特质一样，这既是优势，也是劣势）。

叛逆者反对任何由其他人来决定他们应该做什么的体制。我注意到一个挺有意思的行为范式：在申请大学时，叛逆者通常只申请一所学校。他们很清楚自己想去读哪所大学，所以用不着任何录取委员会来决定他们的未来。

虽然叛逆者反对一切强加于他们的预期，但某些叛逆者却非常心安理得地把他们的预期强加给别人。正如塞缪尔·约翰逊（Samuel Johnson）曾经多少有些严厉地指出："人们已经注意到这一点，即那些把为了自由的口号喊得震天响的人，往往最不能坦坦荡荡地允准自由。"有位叛逆者写道（或许带有些许自我调侃的意味）："我要求别人做我想要的事，就像我要求自己能够做我想要的事一样。"

与叛逆者打交道，最要紧的一点就是，你得接受叛逆者特质是他们天性中根深蒂固的一部分。它不是阶段性的，也不会随着年龄的增长而消失。有位读者给我发来一封电邮，让我备感心碎："但叛逆者们肯定最终都会意识到，我们不可能为所欲为，成年人都不能那样做。"成年人当然能那样做，叛逆者就是那样做的。结果也喜忧参半。

叛逆者的三重人格

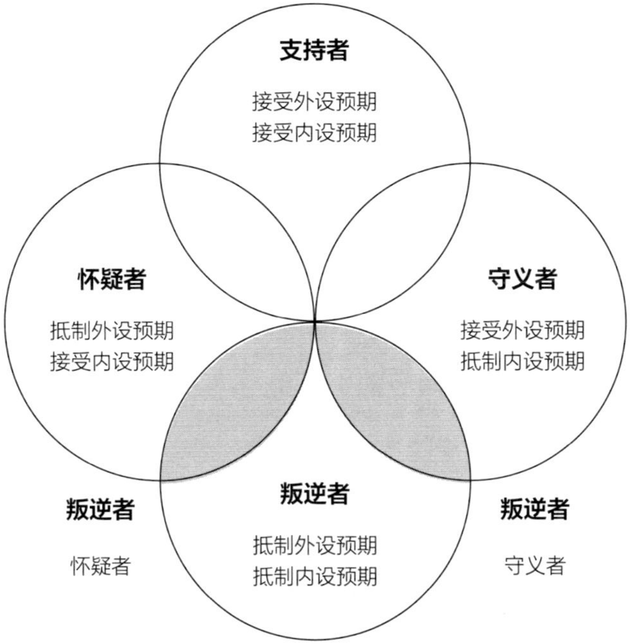

与其他所有性格趋向一样，属于叛逆者趋向的人与其他两种趋向有交集——叛逆者交集于怀疑者（两者均抵制外设预期）和守义者（两者均抵制内设预期）。这里要么是叛逆者更趋近于怀疑者，要么是守义者极大地影响到他们的行为。

叛逆者兼怀疑者会把精力更多地集中于满足自己的欲求，而非抵制外设预期。叛逆者的抵制精神依然很强，但聚焦的重点是做他们想做的事情，而不是故意违逆他人。叛逆者兼怀疑者抵制与自己有关的预期没有多大困难，正如一位叛逆者兼怀疑者所说的那样："如果我没有什么可以反抗的，我也一样过得很好。没有人在意我是不是去健身房，所以我一直都去。我喜欢为自己做事，要是为别人做事我就会很纠结。”

相比之下，叛逆者兼守义者的反制手段则更加强硬，要么直接怼回去，要么避免被控制。守义者和叛逆者这两种趋向都抵制内设预期，这是一种为怨愤及反抗火上浇油的状态。因为这个原因，叛逆者兼守义者更有可能会坚持“你左右不了我！”——即便这是叛逆者想做的事。举例来说，在其发表于《大西洋》（*The Atlantic*）杂志上的论文《我拒绝做大人》（*I Refuse to Be a Grown-Up*）中，叛逆者兼守义者作家伊丽莎白·沃策尔（Elizabeth Wurtzel）如此宣称：“我做我想做的事。我不做别人要我做的事。有时我也不做自己想做的事，因为有人太想要我去做了。”

对叛逆者兼守义者而言，即便他们很想做某事，但他人的赞许和鼓励都有可能引发他们对自己欲望的抵制。有位叛逆者是这样解释其父母的关爱是如何妨碍他养成良好习惯的：“如果我想要养成自己的健康习惯（早上早起、饮食更健康等），我很快就会发现自己在跟自己较劲，而且最后总是无功而返，因为我能感觉到父母默默的赞许，所以我就不想再做啦！”

总之，叛逆者兼怀疑者想的是，“我做我选择的一切”；而叛逆者兼守义者想的则是，“我拒绝做任何人想指使我做的一切”。

当然，叛逆者趋向也杂糅了其他的性格特质。一位替别人考虑周到的叛逆者，其表现完全不同于毫不顾及他人的叛逆者。胸有大志的叛逆者，其人生必定迥异于对职业成就无所谓的叛逆者。对某些叛逆者而言，他们的叛逆者特质非常强烈和明显；而对另一些叛逆者而言，其叛逆者特质看起来更像是被动型进取——一种对于他人要他们做某事的无声和非对抗性的拒绝。

有些叛逆者热衷于做叛逆者。有位叛逆者宣称：

> 我一向承揽别人认为不可能完成的事情。叛逆者是游戏规则的改变者、革命者和非常规问题的解决者。通过当好叛逆者，我使别人能够从他们原来的安乐地带走出来，并建立起事情“应当”如何完成的规则。

然而，如果说守义者是最有可能宣称自己希望属于别的性格趋向的，那么叛逆者就是紧随其后的。有几个人跟我说，他们称自己是“不情愿的叛逆者”。他们有孤独感和挫败感，他们也可能卷入冲突之中。有一位叛逆者这样解释道：

> 我羡慕别的性格趋向。我经常觉得，似乎身边的每一个人都比我更满足，也更适应“成熟老练”。我不能将自己的远大理想付诸实践，这让我备感受挫。我有很高的创新能力，最近，我通过摄影赚了很多钱，但同时也感受到承接更多摄影业务或专业从事摄影所带来的巨大压力。这个想法使我再也不想拿起照相机。我担心，如果太投入了，我会因爱生恨。

叛逆者一旦了解了叛逆者的行为范式，他们就可以克服其中的劣势，从而使自己生活得更轻松、更幸福。

共事法则：资讯 + 后果 + 选择

叛逆者做自己所想做之事，并且都有自己的理由。如果有人要求或者命令他们做什么事，叛逆者可能就会予以抵制——因此，叛逆者身边的人要警惕不要突然引发他们的对立情绪。但知易行难。

叛逆者总是会这么想："这是我的主意。"而且，事实上，确实也有很多人告诉我说："我应对叛逆者的办法就是让他们觉得一切都是他们的主意。"

那么，我们怎样才能够更好地与叛逆者一道共事呢？简而言之，叛逆者对于由资讯、后果和选择构成的序列反应最佳。我们必须提供叛逆者所需的资讯，以便他们做出基于充分资讯的决策；要提示他们采取行动后可能发生的后果；然后，任由他们自己做出最终抉择，而不要带有任何的说教、犹疑或虚张声势。

- 家长可以说："如果有人在阳光灿烂的大晴天外出，他也许会被晒伤。严重的晒伤会很疼，皮肤还会起泡蜕皮，这样一来此人只好宅在室内，而他的朋友们却在户外玩耍。你是愿意涂抹防晒霜呢，还是愿意戴帽子并穿上长袖T恤？"
- 老师可以说："为了从中学毕业，学生们必须完成100小时的服务。大学新生或二年级学生在选修课程计划时，有更大的选择余地，而且没有时间上的限制。但学生等待的时间越长，选择的余地就越小。我认识一些高年级学生，他们因为要完成服务任务，所以连春假都没能休成。无论你们何时想和我探讨如何选择服务计划，我的大门都是敞开的。”

- 配偶可以说：“因为眼下孩子们的安排都比较紧，所以每家每户在规划活动时都会提早把一些项目列上日程。你如果不提早一周就通知那些有童子军的家庭，只怕到时那些男孩子都无法参加童子军小队聚会。那样的话，咱们儿子会觉得挺丢人的。你是童子军的领队，日程你说了算。”
- 医生可以说：“研究表明，锻炼身体对60岁以上的人确实有益。经常健身的人更有可能独立生活，也不太会因体质虚弱而发生跌倒和疼痛的情况。如果你感兴趣，这本小册子里有几种锻炼方法的建议。”
- 老板可以说：“客户给了我们一个报价，并限时一个月完成这项工程。如果客户满意了，那我们与客户的关系就会更稳固，这意味着我们能接到更多更大的工程，赚更多的钱。你看，这不就是你想要做的事吗？”

叛逆者做自己想做之事，但要是做了某事后会有不愉快的后果，那他们也可能决定不做了。而且，即便刚开始听到有人说：“你看着办吧，可你考虑过……吗？”叛逆者也许会有所退缩，但他们常常还是会在最终决策时把这一点考虑进去。

为了资讯＋后果＋选择这一序列方法能够奏效，至关重要的一点就是，叛逆者要确实尝到不愉快后果之苦，无论涉及叛逆者的健康、名誉，还是便利程度。这些令人不爽的后果让人看着难受，而且很不幸，还有可能影响到旁人。然而，假如有其他人能解决问题，或是能替叛逆者干活，帮他们搞定工作，那叛逆者也就没有理由采取叛逆行动了。

有位叛逆者型的朋友和我一起讨论有关后果的话题，他对我说："我明白，完全明白。但问题是，落到我妻子身上的后果，同样也会落到我身上。要是她不付账单，我的有线电视就会被关掉。要是她最后一分钟决定不去听音乐会，我的钱也就白花了。"

"哦，"我说，声音尽量显得不那么严厉，"甭管怎么说吧，你得想办法让事情更适合她的叛逆者本性，或者把负面的后果展现出来。"

在另一次我与叛逆者的交谈中，有位朋友对我说："人家邀请她去参加一个盛大的活动，而她却不愿意回复人家。组织方一遍遍地给她打电话，说，'我们得给餐食准备商一个最终的统计人数'，而且，'了解您有何打算对我们来说也非常重要'，但她就是不回复。活动当晚，她跑去参加了，结果她从头到尾都在抱怨她那张桌子有多么讨厌。"

"你看看，"我说，我可不能错过这个简要讲解四种趋向理论的机会，"组织方把理由讲错了！他们应该按顺序给出资讯、后果和选择。'如果你现在回复的话，就可以选择坐在什么地方，那样就能和朋友坐在一起。如果你继续等下去，那么这些桌子都会被占满，那我们也只能给你指定一个都是陌生人的座位。你一旦定下来就告诉我们吧。'"

资讯、后果、选择。不需要苦口婆心，也没有所谓的微管理或危机应对。具有讽刺意味的是，某些叛逆者的逆反性格反倒会使别人更容易操纵他们。

别人可以利用他们的这样一些惯性思维冲动，如"你不能左右我"，或者"我会让你看到"，又或者"你瞧我的吧"。有位朋友没有办法把女儿从电视机前拽开，于是就对她说："你最近压力挺大的，得好好休息一下。在家多待几天，就看看电视吧。”话音刚落，她女儿就站起来，关掉电视，走了出去。

“我觉得你周五前是写不完这份报告的”“我看你是戒不了糖的”“我不认为这件事会让你很开心”等，这些话都能很好地激发叛逆者的心气儿（当然有些叛逆者也能看穿说者的小心思）。如果你说：“我看你今天是不打算去健身房锻炼啦。”也许就会激得叛逆者说：“没呀，我要去的。”但若你说：“你不觉得你今天应该去健身房锻炼吗？”那得到的回答也许就是“我才不去呢”。

事实上，有些心理治疗师会对病人采取“悖反干预法”，此法对那些需要改变的行为进行了规定。关于为何此种方法能奏效有各种解释，但我敢保证，只有应用到叛逆者身上才最有效。比如，如果有一个小女孩在每次大人要她整理床铺时就发飙喊叫，其父母就可以对她说：“你整理床铺前，先用几分钟拼命喊叫吧。”

有一位叛逆者解释了她是如何确保自己不陷入这个悖反陷阱的：“作为叛逆者，如果别人要我做什么事，或更有甚者，还要监督我，那我的第一反应就是说‘不’，或者‘别烦我’。如果真的发生这样的情况，我就提醒自己说，我做与不做全由着自己，就算有人请我或要我做也是一样的。如果因为有人让我做我就不做，这和‘有人让我做我就做’是同样‘不自由’的。”

一旦有人请求或指令其做某事，他们就有抵制的冲动。但叛逆者出于爱也会有选择地做某些事，即他们做事从心所欲而非遵从道义。如果某事对他们所爱的人意义重大，那么他们也会选择达成预期，以表达爱意。但是这是一种选择。有位十多岁的叛逆者少年解释说：“我原本打算为妈妈做点好事，在她外出的时候帮她做些家务事，可是她出门的时候却关照我做家务。我就想：‘没门儿！本来挺好的，妈，我就想给你个惊喜，现在倒成了任务了。’”

实际上，当医生、家长、配偶、教师、朋友或上司催促叛逆者时，他们就是在引发叛逆者的抵制。

例如，即使是对良好行为的褒奖——“如果你做完了，就可以早点离开”，也是一种控制机制，对叛逆者会产生不好的效果。一位叛逆者写道：

> 去年夏天，我非常努力地参加了“沙发-5K”训练计划。在我跑出了人生中第一个1英里[①]路程之后，我把此事发到了脸书上。我得到了很多鼓励，很多人都说“坚持下去”“期待咱们今秋5K赛事上见”，当时得到这些赞扬的感觉特别好，但是后来我就再也没有跑过。我对自己说，那都是因为要出公差，或者天气不好……但其实我是在逆转所有人的预期。

另一位叛逆者也有相同的经历：

> 读大学的时候，如果一门功课是我一直想学的，那我的成绩会相当不错（平均95分）。这时教授会把我叫到他的办公室跟我说，你还可以“学得更好些”。此后，我的成绩就下降了。

① 1英里约为1.6千米。——编者注

我有一种感觉，好像要是我继续用功学习，然后取得他所期待的 100 分，他就会占我的上风似的。

即使是在做自己喜欢的事情，叛逆者也不愿意接受任何人的指点。有位读者这样写道：

刚结婚那会儿，我不明白为什么每次我穿上迷人的情趣内衣，我丈夫都无动于衷。随着时间的推移，这在我身上就变成了一件很搞笑的事：如果想要确保有一个不浪漫的无爱夜晚，那我就得穿点黑色带蕾丝边的衣服。现在我算明白了，我丈夫就是这么一个叛逆者。他甚至不喜欢别人“告诉”他该什么时候做爱。结婚差不多 20 年之后，我才学会把自己的性爱需求处理得低调和随意，这样他就会感到是他想要，而不是我。

正是由于这个原因，若叛逆者主动提出承担某项任务，最好还是不要用什么“更好的”计划来干预他：

如果我那叛逆者型的丈夫有心情做点对我好的事儿，那我最好还是紧紧抓住，因为这样的好事也许不会再有了！例如，在以往的日子里，如果平时哪天晚上 9 点他突然说：“我准备把车库打扫一下呢。”那我也许就会说：“咱们等到周末吧，那样时间更充裕些，我们也可以把东西直接送到 Goodwill，现在还是早点睡吧。”但现在我会直接对他说：“那太好啦！”

叛逆者身边的人也许总是想帮助、鼓励、提醒叛逆者采取行动。一旦叛逆者拒绝，他们就会感到失望，但说实话，就是他们的催促才拖慢了事情的进程，因为催促会造成抵制。有位叛逆者不无伤心地说：

> 要不是我丈夫（守义者）提了一大堆的问题，我差不多就要开始一项就业研究了。他对我说，你下的功夫还不够。现在我已经完全放弃这项研究了。我没办法不打退堂鼓，因为我觉得自己被人掌控和仔细审查了。他说他要更多地介入这项研究，还认为我在管理自己的时间方面不够负责。其实，只要他不来操这份闲心，那就万事大吉了。

尽管叛逆者不喜欢听命于人，也不喜欢按部就班地照计划行事，但有时做出一定的让步还是有可能的。例如，与其将叛逆者强摁在日程的某个特定点上，还不如让他们在一个比较宽泛的时间区间内自由选择。同事可以这么说："围绕我们为何要上交一份明年预算的初稿，老板又要开始他那一套烦人的说教了。所以下个星期，找一个你们认为最合适的时间，咱们大家一起把明年的预算过一下。"朋友也可以这么说："接下来的几个月都会非常忙，不过本周末我还会待在这儿。我很乐意和大家聚一聚，如果你们愿意出去玩的话，就打电话告诉我。"

这就是资讯 + 后果 + 选择模式。

满足自我：身份策略 + 挑战模式

告诉自己应该做什么，对于叛逆者来说，也是一件痛苦的事。叛逆者常常让别人感到沮丧，同样他们也让自己感到沮丧，因为乖张的性格中的“小鬼”常常使他们连自己的愿望也要抵制。有位支持者写信跟我说：

> 我偷偷地问过我丈夫一些问卷上的问题（如果我建议他做问卷，他肯定是不会答应的），而他总是回答得像一个叛逆者。他不愿意沉下心来，如果你不能让他如约做事，他就会频繁地改变主意，并且总是与人们所期待的背道而驰。因为不能让自己去完成那些为了过上幸福生活而心心念念要做的事情，他就一直挣扎在挫败感之中。他为自己不去健身房锻炼而耿耿于怀。别人视他为不靠谱、不能依靠的人，他为此痛苦万分。我倒是从他的坚韧不拔中看到了他的很多优点，但你连自己的预期都不能达成，你又能怎么样呢？

叛逆者对自己的愿望也是孜孜以求的，但却常常被自己的任性所打败。

按照日程办事或者制定计划，感觉上就好像是需要抵制的义务——即便这个计划是叛逆者想要做的（可以肯定的是，有些叛逆者也喜欢日程、待办清单之类的东西，如果这些也正好是他们想要做的事情，他们也可以按照这个完全不像叛逆者的方式去做事情）。

同样，叛逆者也经常会有挫败感，因为他们想养成好的习惯，譬如，锻炼身体、上交自由职业的发票、打推销电话等，但他们又极不情愿就这样被锁定。属于其他几种性格趋向的人为做成事情所采用的策略，在叛逆者身上却往往难以奏效。

那么，叛逆者可以采取哪些步骤呢？抵制计划、日程、习惯和承诺的叛逆者可以找到以自己方式做事的途径。叛逆者需要记住的关键一点就是：他们可以做他们想做的一切。

比如，如果某些预期可以使他们充分地展示自我形象，即像他们所希望成为的人那样行事，他们就能够达成预期。一位叛逆者这样解释道：

> 作为作家，如果我签了一份具有挑战性的30天内必须完成的写作合同，我就毁了我自己。最糟糕的事情就是在博客上发帖，宣称自己要做某某事，我肯定会抵制这个。我跟自己说，我想做一个天天写作的人。我想象通过起床后就写作来塑造自己的写作生活，当我写完了最后一个字，那该是多么美妙的感觉啊，而我也终于如愿以偿。

因为叛逆者极其重视以诚待己，所以如果他们认为某种习惯是展示自我身份的有效途径，他们就会拥抱这种习惯。一位叛逆者这样解释说："如果一种习惯是我自身的一部分，那么这个习惯就不会是把我锁起来的锁链，它允许我真诚地对待自己。"为了达到目标，叛逆者会聚焦于自己作为精明决策者的身份，他所做的精明选择可以使他获得长期的自由。另一位叛逆者写道："我不指望自己能吃得健康、锻炼身体、使用牙线洁齿等，相反，我意识到自己高度尊重自己，我会照料自己的身体。这些都是我身体的组成部分，我自然会做这些事。"

某些颇具想象力的叛逆者充分发挥了他们关于自我身份的想法。一位叛逆者说："当我需要做重复的家务事时，我体内的所有声音都在喊：'不—呜—呜！'于是，我就玩一种我称之为'假如我是'的游戏。我假装自己是别人，或者假装在摄影机镜头前做事，诸如此类。我把自己想象成完美的管家、大厨、内饰设计师、著名诗人、炫酷的科学家等。这听起来有点儿不靠谱，可还真管用。"

有位叛逆者将身份策略与叛逆者对挑战的情有独钟结合起来："为了把事情办成，我大着胆子骗自己的内心。我对自己说：'我是一个可以坚持常规并贯彻始终的叛逆者。'这一挑战令人兴奋。做一个循规蹈矩的叛逆者本身就是一大逆袭，你绝对想不到。"

同样，叛逆者能够把一项活动与其最深层的价值观结合在一起，将此活动视为自我形象的展示。"我签约参加了一项我非常关心的为慈善筹款的马拉松比赛，从而让我自己和锻炼习惯结合在了一起，"一位叛逆者如是说，"通过把跑步和我内心深处想要为这一特殊的事业'做点事'的动力结合起来，我就能坚持到底。"

另一方面，有位叛逆者建议利用好叛逆者对困于单一身份的反感，甚至包括叛逆者这个身份。他写道："我承认自己有叛逆者的逆反个性，因而（这才是最重要的）我反叛了自己叛逆者的秉性，做出了有助于达成目标的选择。"

叛逆者的对外形象也可以由负面因素塑成，因为不愿意成为某些人，他们也许会选择掌握一些习惯。"我不是训练时自己迟到而让孩子们等待的那种教练，"一位叛逆者写道，"我的形象是'有责任心的人'，恐怕这还是拜我母亲所赐，因为她是我反对最多的人，她总是说我不负责任。”

叛逆者采用一些机灵的方法来避免引发自己的叛逆精神，通常是引入游戏的某种元素、挑战或选择。一位叛逆者说：“我将挑战插入更具策略性的长期（但对我而言十分乏味）项目中：‘下周一之前，我将陆续对所有正在办理手续的自由职业者进行本公司公文写作方面的培训。’”另一位叛逆者则把需要沿袭常规、按部就班的任务变成了一场游戏：

> 我把每一项任务分别写在一张纸上，而不是列出总的待办清单。我把这些纸片折起来放进碗里，然后从中抽取一张，按照纸上所写的内容去完成任务。一项任务未完成之前，我不会再抽选其他的纸片。这就像玩碰运气的有趣游戏，而且看着一张小纸片比看着一张密密麻麻的任务清单要轻松多了。

还有一位叛逆者则在使用待办清单时对用词做了简单的改变：“‘待办’清单在我这儿几乎永远都无法完成，因为一旦我不得不做某事，这件事就是我最不情愿做的。但是，一张‘拟办’清单就让我觉得可以有选择地完成或不完成一项任务。”

在有些情况下，叛逆者可以重构身处的场景，他们不是去想“这人指望我做这件事”——这样会适得其反；而是想“他是在按我的要求做事，这样我便可以得到我想要的结果”或者“这项任务可以教会我想要的技巧”。一位叛逆者型的朋友跟我解释说：“我的抵押贷款经纪人要我发个人资料给她，一开始我不愿意，但后来我想，‘她是在为我工作，帮我重新安排按揭，这样我手头就会有更多的钱可以花，而不必把钱都砸到那家大银行的口袋里’。于是我就把资料发给她了。”

叛逆者对受到束缚的厌恶可以说是一种正能量，能使叛逆者抵制吸烟、垃圾食品、饮酒，或其他任何带有让人上瘾或受限受控性质的事物。一位叛逆者写道：

> 当我努力去尝试一种营养饮食计划时，我有时会想，“我做不了我想做的事情”，于是我就抵制它。现在我反过来想：“我可以做我想做的一切，我现在想做的就是按这个新的配方饮食。”
>
> 我把不健康食品视作那些大公司强加给我们的东西。他们在不健康食品里添加了太多的脂肪、盐和糖，就是想让我们吃他们那些没有营养、充满化学物质的垃圾。他们极力引诱我们，让我们对那些食品上瘾，成为那些食品的奴隶。行啦，带上你们价钱昂贵却又毫无价值的垃圾滚吧！这就是我对点心、曲奇、炸薯片、精白面粉、精制白糖等的看法，就连嬉皮产品也想假冒健康食品。对你来说我是一个叛逆者了吧！
>
> 作为叛逆者，我其实并不感到缺少食物，我经常会打破自己订的规矩，想吃了就饱餐一顿。只不过在大多数时间里我对不健康的食品十分反感。

叛逆者讨厌被事先定好的安排所束缚，因此在他们想做的时候就会去做想做的事情，而且没有任何会引发抵制的预期，在这些时候他们能够做得更出色。例如，叛逆者也许不会在智能手机里添加健身时间的提醒——那样会引发抵制，但他也许会保留一张社区里所有健身训练班的时间表，一旦有兴致了，就挑一个看起来合适的班去参加。

叛逆者可以做他们想要做的一切，也会经常提醒自己为什么要避免负面的后果。有位叛逆者告诉我："我一贯准时交税，因为和国税局搞来搞去不值当，这是我的切身体会。我开车打转向灯，并不是因为我要遵守交通法规，而是不想被哪个蠢货撞到。"

有一些叛逆者会利用负面后果来迫使自己采取行动。我听人说过，有一位女作家为了使自己多写作，就坚持一赚到稿费就花出去。她知道，如果她不再是为了赚钱而写作的话，她也就没法儿继续写下去了。

当叛逆者搞懂了叛逆者倾向的理论，他们就具备了驾驭自己性格趋向的力量，从而有助于他们做自己想做的一切。

被高度规则化的机构吸引

叛逆者趋向包含令人惊异的悖论。举例来说，某些叛逆者青睐那些充满预期和规则的机构，譬如军事学院、警察学院、大型公司和宗教团体。

对某些叛逆者而言，这反映出对生存意义的深层次的需求。一位叛逆者解释说："我认为，叛逆者之所以想要置身于军队或神职机构，就是因为这样可以使他们在每天的浑浑噩噩中感觉到生活的意义。（像我这样）在办公室工作的叛逆者会感到像被关在笼子里似的。"另一位叛逆者也有同感："你可以在牧师和军人中发现很多叛逆者，因为他们在这里找到了值得为之献身的伟业。"

而且，许多叛逆者都从逆袭中获得了力量和方向，高度规则化的环境也为叛逆者提供了大量的可以去漠视、逾越和打破的机会规则、限制和惯例。有一位叛逆者写道：

> 作为一名前海军陆战队队员，我同意在军队中叛逆者人数众多的说法。首先，我自己也是一个叛逆者，而据我观察，因为拒绝遵守社会准则，许多叛逆者的确经常会给自己惹来一大堆麻烦，于是就面临是去蹲监狱还是去当兵的选择（我的两个朋友就曾陷入此境地）。其次，军队有海量的军规要遵守，当然也就存在许多打破规则的选择。这也就是我之所以能在以严酷著称的海军陆战队生存下来的原因。许多规则都不会危及生命，所以我也打破了不少。即便如此，我还是经历了一项伟大的事业，也获得了许多嘉奖。

对于那些认为过多的自由会导致失败的叛逆者来说，在组织架构繁复的岗位上工作也许更加适合他们。一位叛逆者这样说道："我同社会传统宣战，但我需要它继续留在那里，否则我想开战也没对手了。"

在研究叛逆者为何会被高度规则化的机构所吸引的过程中，托马斯·默顿（Thomas Merton）的例子让我印象深刻。默顿是一位特拉比斯特派（Trappist）修道士，其著作在20世纪五六十年代很有影响力。2015年，教皇弗兰西斯（Pope Francis）称其为给当今世界带来启示的美国人。在其涉猎广泛的著述中，默顿反复地表达了他这个叛逆者的观点：逆反的冲动、对自由的渴望、按自己的方式做事的决心。

对叛逆者而言，自由体现着至高无上的价值。而对于默顿来说，自由来自对上帝意志的彻底臣服。这样的臣服意味着他承诺逃离无休止的叛逆和自我，以及所有的欲念、喧嚣和痛苦。

1941 年，默顿在肯塔基州的克西马尼修道院成为一名特拉比斯特派修道士，但他是以自己的方式成为修道士的。尽管特拉比斯特派修道士都要遵守极其严格的社会劳务安排，但默顿却说服了大主教允许其建立一个“隐士居所”。而一旦默顿移居到那个隐士居所，他就完全摆脱了几乎所有的教规教义和公共劳务的束缚。不仅如此，他的隐士居所还成为他会见大量访客的场所，并且不受任何监督。

默顿最令人惊诧的叛逆发生于 1966 年，当时在一次手术过后，他爱上了一位见习护士 M。默顿毫不犹豫地打破了规则。他和 M 数十次地“非法”幽会、通信和打电话，默顿还通过请人帮他安排会面的方式把他的朋友也拖进了这场骗局。显然，默顿认为上帝允准他为所欲为。

叛逆者趋向是一个充满力量和悖论的趋向。

小结：叛逆者

可能的优势：

心智独立

有创造性的思维能力

不为传统观念所动摇

希望按自己的路子做事并抵制社会传统

非常清楚自己内心的真实需求

率性

可能的劣势：

被人要求做某事时容易产生抵制心理

不合作

不顾及别人的感受

较难完成必须以同样的方式、多次重复或长期持续达成的任务

行动时视普通的规则形同虚设

躁动不安，很难安心于一个岗位、一段关系或一个城市

纠结于常规和计划

不在乎声誉

第十章

与叛逆者打交道

“你又不是我老板。”

放手策略：领导监督越少越好

叛逆者能给工作带来巨大的能量：他们有打破传统惯例的意志，他们具有不同寻常的思维能力，他们会把工作和自己真正的兴趣结合起来。

有位叛逆者送给我这幅匾额，其中是一句了不起的叛逆者格言：

> 如果一定要用一句话来形容我自己，那就是“绝不听从他人指点”。

叛逆者在职场上能干得风生水起——只不过工作要与他们的目标相一致。

叛逆者的工作效率可以非常之高，但通常情况下，往往都是在允许他们按照自己的方法工作的时候。他们得到的上级指令和监督越少越好。尽管事实如此，但自相矛盾的一点是，有些叛逆者的确需要有制度建构以用来加以漠视和抵制。

许多叛逆者对挑战和激将应付自如，而且可以在按自己的方式做事的环境中如鱼得水。一位叛逆者解释道：

> 我大学毕业后的第一家工作单位是一家大型咨询公司。我当时的老板非常棒。他交给我一个很艰巨的任务，跟我说："瞧，这儿有一个大问题。我不知道该如何解决，你来搞定它。三个月后，带着结果来见我。如果这个过程中有什么障碍就打电话给我。"有了这些条件，我便把工作能力发挥到了极致。我太喜欢这种氛围了。可惜他后来离职了，新来的老板工作起来事无巨细，对我什么都要管。最后，我也离职了，创办了自己的公司。

请注意这位老板的放手策略，也许对叛逆者非常有效，但对守义者就未必可行。

由于叛逆者喜欢接受挑战，所以他们经常苦于完成那些一点儿也不起眼的重复的任务。这些有可能是大手笔，也可能不是，完全取决于具体的工作环境。一位叛逆者描述道："为了克服我在执行常规任务方面的彻底失败，我玩儿命地干我所喜欢的工作——那些巨大而有趣的挑战。我相当成功，但我认为，考虑到我所付出的艰苦努力，我应该更加成功才是。我的很大一部分的工作都是在为常规事务上的缺失补台。"反正这位叛逆者的常规工作任务也一样完不成，她和她的上级还不如重新分配一下常规任务，以便叛逆者可以集中精力应对巨大的挑战。

虽然叛逆者一般来说不会老老实实听命于人或是接受指点，但有些叛逆者却与别人合作得相当好，前提是他们自己就是负责人。正如一位叛逆者所解释的：“我要所有的人都按我的方式做事，包括我的雇员和孩子。叛逆者在哪儿都不安分，什么也不愿意遵守，所以我选择那些能和我一块儿共事的人。”

一位叛逆者同时也是受人尊敬的教授朋友告诉我：“学术界对叛逆者颇有吸引力。”

“但要取得终身教职会怎么样呢？”我问道。

“你得发表东西才能得到终身职位，但你可以选择发表什么，是一本书、两本书，还是大量的论文。一旦得到了终身教职，除了上课，你就可以什么也不用干了，而且为了实现这一点，你也就有了极大的自由发挥的余地了。教务长不会说：‘你最好写点儿什么吧，你的上一本书出版到现在都已经十年了。’即使他心里就是这么想的他也不会说出口。我写东西是因为我想写，而并不是因为有人要我写。”

身为上司，叛逆者可以是令人振奋、富有创造力的领导，他们具备追求自我愿景的决心和动力。但为他们打工也是非常辛苦的。

一位怀疑者写道：

> 当我意识到我的前上司是一个叛逆者时，我终于理解了我以前作为怀疑者所无法理解的行为。她可以从老板那儿接受指令，但立马又在指令要她做的事情里找碴儿，即便那件事本身也是她自己计划要做的。我们搞了一个办公室流程，结果一周之后就被她给废了。

作为怀疑者，给叛逆者打工是极其不爽的。我无法理解她怎么会做出那样一些抉择，也不理解她怎么就连个决定都坚持不了呢。她做的决定或分配的工作，似乎从来就没有合乎情理过。

和叛逆者一起工作，有效的办法就是给他们提供资讯、开诚布公地阐明可能的后果，并任由他们选择如何行动。资讯 + 后果 + 选择："在每周一次的员工碰头会上，我们做出了许多重要的决定，并分工派活儿。错过了这个会，你就失去了在公司走向方面发声的机会，也只能去做一些要求很低的任务。"

如果有叛逆者希望成为强有力的领导、远见卓识的理想家，或者可以仰赖的老板，那他就会选择使自己的言谈举止完全符合这种身份。"当你参加月度会议时，员工们会感觉你很有兴趣聆听他们的想法和他们的困顿之处。而如果你不去，人家会觉得你难以接近，对他们的想法不感兴趣。"

叛逆者常常想要自己创业或者从事自由职业，因为他们想按照自己的思路做自己的事情，而且想要有自己的时间安排，还要求没有人在一旁指手画脚。但接着，他们就纠结了，因为他们也不想对自己指手画脚。他们不愿受困于最后期限，拒绝做那些细碎、复杂而又需要重复去做的工作，不愿被框死在单一日程安排之中。

由于这个原因，叛逆者型的企业家经常会与人结成对子，一般情况下是与守义者合作，因为守义者可以确保任务最后得以完成。我曾与一位创办了非常成功的互联网网站的叛逆者交谈："我负责网站的整体构想，同时也是网站品牌的代言人，还负责构思有关我们下一步发展的诸多创意。我有时去办公室，有时又不去。我的共同创办人则负责与广告商打交道，管理员工和督查其财务状况。”

正是由于他们经常要和守义者结对，所以叛逆者通常会和家人在工作中形成搭档——这或许就是因为家人对叛逆者会有更多的理解、更多的合作经验和更多的宽容。

应对叛逆型的伴侣：要得越少，得到越多

由于与叛逆者型的爱人相处充满挑战，所以不止一个人问过我：“叛逆者是否不太可能与人维持长期的关系？”但具有代表性的例子显示，叛逆者完全可以和配偶或长期伴侣共同生活，这一点与属于其他性格趋向的人并无二致。

辨别出某人是叛逆者就可以使他 / 她的行为模式更加清晰。一位大学朋友告诉我：“知道丈夫是叛逆者后，我感觉我们之间的关系好多了。现在，如果我说‘咱们做这件事吧’，而他却说‘我才不做呢’，那我也不会把他的话放到心里去。他这么说并不代表他对我或者我们的婚姻有想法，他就是这么个人，对谁都一样。”

和我们大家一样，叛逆者有时也会被严重到一定程度的后果所刺激而感到惊骇不已，从而采取相应的行动。一位支持者描述说，其叛逆者型的丈夫在面临离婚的结局时，是如何出于爱而改变了自己的行为：

> 一开始，所有的事都由我来做。我们的婚姻不到一年就破裂了。但是，我丈夫拖着我一块儿去做了婚姻咨询，我们学会

了相互尊重彼此的差异。

作为支持者，我有很多种内在的驱动力。但我的叛逆者型的丈夫却只受一件事所驱动：那就是爱。他做事情都是出于爱，也只是出于爱。他一旦断定哪些事情对我至关重要，就会竭尽全力来支持我，因为他爱我。我们俩的性格结合在一起，使我们拥有了独一无二的生活方式。我现在事业有成，孩子主要由丈夫照顾。

应对叛逆者配偶时，什么是关键？那就是，你要求得越多，叛逆者的抵制就会越多。有位叛逆者的配偶告诉我："我花了 20 年才搞明白，我要得越少，得到的就越多。"

在叛逆者当中存在一个令人惊异的模式，那就是如果叛逆者能够成功地维系一段长期关系，无论在家还是在职场上，那么和这位叛逆者结对的通常是守义者。

支持者和怀疑者几乎都不怎么待见叛逆者的行为。支持者认为叛逆者冲动、缺乏责任心，而叛逆者则认为支持者刻板；怀疑者认为叛逆者做事全凭一时兴起，叛逆者则嫌怀疑者花过多时间做分析。

守义者，其人数远多于支持者和怀疑者，对叛逆者的行动感到满意，并能从叛逆者的观点中受益。

支持者和怀疑者常被叛逆者抵制预期的行为搞得心神不宁，而守义者却可以从叛逆者拒绝屈从外设预期中受益并感觉良好（至少有些时候是这样）。对于在达成外设预期时承受巨大压力的守义者而言，能和某位没心没肺的、把这一切全不当回事儿的人在一起也算是一种解脱。一位嫁给了叛逆者的守义者回忆说："我先生得到一个全程免单的去国外参加作家聚会活动的机会。我们去了，人家要我们参加各种分组讨论，出席鸡尾酒会，等等。我说：'哎呀，人家请我们来，所有的费用也都是他们付，我们得去参加这些活动。'他却说：'没门儿，这些活动我一个也不去。'后来，凡是我们不乐意做的事，我们就都没做。"

另一位守义者（倾向于叛逆者）解释了她喜欢与叛逆者为伴的理由：

> 我们守义者确实也带有叛逆性的印记——譬如我就喜欢染非传统的发色。这也就是我们为什么喜欢叛逆者的原因。叛逆者说我们放任这种反叛天性一点儿没毛病，而且还能使守义者摆脱某些责任的束缚。我先生和我最好的朋友都是叛逆者。他们让生活更有趣，认为我的"怪"做派非常炫酷。而且，在我干得就要崩溃之前，他们会及时提醒我要照顾好自己。至于怀疑者和支持者（我哥哥和继父），则只会一个劲儿地问我，既然你"根本就干不了"，为什么还要承担那么多的责任。

事实上，叛逆者可以拯救守义者，使其不至陷入守义者式的反叛之中，因为叛逆者会鼓励守义者抵制外设预期。正如一位守义者所言："和叛逆者一起生活，有时还真是具有挑战性，但他懂得的一个字就是'不'。对他来说，不想做某事很正常，而且他也不指望我把所有的事都应承下来。既然我觉得不守义比守义更难，那这样就给了我更大的空间做我自己。"这种宽容就像是针对守义者所受的外设预期压力的放气阀。

站在叛逆者 / 守义者组合的叛逆者一侧来看，守义者能使叛逆者更加轻松地忽略那些日复一日的预期，因为守义者自然会替他们补台。一位叛逆者写道："我要说，我先生是一个了不起的搭档，他做了日常琐碎的家务事，让我的生活过得更舒坦。但他也很有可能会说，是我帮助他活在当下，享受人生之旅。"如果双方都同意这是一个可以接受的交换，那么婚姻才能真正焕发魅力。

一位守义者朋友告诉我："我们住的那个地方，车上必须要贴完税标贴。我弄了一张给我那叛逆者型的丈夫，把它放在柜子上，要他贴到车上去。可他居然给'弄丢'了，现在他有一大堆的罚单要交，因为管理部门会说他没有完税。"

"那你生气吗？"我问，"你们是一家人，这些钱花得多冤枉啊？"

"不气。他知道我会去跟管理部门交涉的，跟他们说我们其实是有完税标志的，但标志有点问题，这样就能把罚款给免了。但不管怎么说，这都是我得去干的活儿。因为一想到我们必须交车税他就烦。"

作为支持者，我必须说，我被这个故事给惊到了。

另一位有叛逆者型的配偶的守义者回忆道："结婚之前，我去一个朋友家里玩，看到冰箱上居然贴着一张'他'和'她'分别包干的家务事清单。我惊呆了，心想：'我是绝对不会弄这样一张清单的。这种点点滴滴都要记录的婚姻生活也不是我想要的。'对我来说，和谐相处才是最重要的。我宁肯自己多做些事情，也不愿锱铢必较地盯牢对方。"

依我这个支持者看来，她一心想要的这种安排并不公平。如果我的丈夫杰米把什么预期都强加于我，而他自己却什么也不做，那我一定会生气。但是对其他人而言，这或许是一个不错的办法。

有位朋友不无苦涩地说："叛逆者是需要我们照顾的对象。"这就是此种范式自相矛盾之处：叛逆者变得需要依赖别人了。他们之所以能够置身于日常生活的责任之外，完全是因为有人替他们承担了居家过日子的所有义务。

同样，虽然拒绝按部就班地执行计划能使叛逆者感到自由，但他们的行为也给了别人制定日程的机会。一位叛逆者解释说：“我最开心的就是，我先生事先并不会告诉我他的相关计划（他其实早就做好了行程方案）。‘一切顺其自然，你想参与其中的一部分还是全部，悉听尊便。’我们从一个活动地点飞往下一个地点，好开心，感觉好自然。”是啊，她是感觉好自然，就好像一切都是她自己的选择似的，而实际上是别人做好了行程规划。

叛逆者与怀疑者或支持者结对时，他们之间的关系的发展也许会更费周折。一位丈夫和孩子都是叛逆者的怀疑者写道：

> 我总算了解到法国抵抗运动时期抵抗精神如此之强的原因了。但是，我们现在又不是处于法国抵抗运动时期。我真后悔嫁了一个叛逆者。当初谈恋爱的时候，他对我那可是有求必应啊。一旦我们结了婚，这一切就全没了。我们当然可以将彼此的结合经营到最佳状态，但比起假设我嫁给了守义者，可就要困难得多了。而且，我没完没了地问这问那也搞得他要发疯。

并不是所有像他们这样的组合都是如此难弄。举个例子，有次晚宴，我和一位娶了叛逆者型的太太的支持者比邻而坐。我用比较委婉的语气问他，他是如何应对与夫人之间的关系的。他回答我说：“我俩这种搭配还真行，因为我妻子是一个非常体贴、非常可爱的人。”“有意思。”我想。这是一个绝好的例子，说明一个人的趋向就是其性格的一个方面。“如果我让她做什么事，”他继续说，“她的第一反应就是拒绝。但是，过了一个星期左右，她会提出一个已经将我的意见考虑进去的方案来。”

“比方说？”

“举个例子吧，她建议在我们家的门廊里布置一些家具，我就说，我觉得看上去会有点凌乱。她说：‘不，你错啦，看上去一定会很漂亮。’一周之后，她把新的设计方案拿给我看，这次已经没有那么凌乱了。”

“不错，”我点点头，“她有没有拒绝过做什么事，而你又认为那是个大问题呢？”

“当然有。就像我们结婚那会儿，她就不肯写答谢函。那可是一个大问题。”

“那你当时不能写这些答谢函吗？”我问。

“我是可以写呀！但等我意识到这是个问题时，我们已经打开了一堆礼物，却无法确定是谁送的，而且时间也太晚了，”他叹气道，“直到现在，提起这事儿我就生气。”

另一位嫁给叛逆者的支持者这样描述其婚姻的状况：

> 我和我先生是在大学里相识的，我们的性格趋向从一开始就很清楚。在大学里，我的成绩一直名列前茅，他却差点儿退学。虽然我先生智商极高，但遇到不喜欢的作业时，他就找一些别的题目来做，而不是解答导师布置的问题。他按照自己的路子学习，但这往往使他的考试不及格。我先生上大学时本

身就与众不同（24岁才入学），因为他做事情完全遵从自己的时间轴。我却是一个彻彻底底守规矩的人，获得了两个研究生学位。

我经过了很长时间才弄明白，我先生为什么经常都要和我的建议或请求背道而驰。尽管许多人都会觉得我们之间的这些差异很难抚平，但我却欣赏我先生的独立性。

我先生的叛逆者趋向使得我们能够拥有一种更加超凡脱俗的生活方式。既然我比较偏重事业一些，那么他就转好几次行来迁就我的事业，而目前我是赚钱养家的人。我们决定不要孩子。我先生现在正在家里写一本小说。我读完硕士和博士之前，一直是他从经济上（还有情感上）支持我，而我一毕业他就立刻离职搞起了创作。我们共同分担家务，轮流做饭。

最终令我感到欣慰的是，我先生的叛逆者趋向使我可以在他做出人生抉择（尽管有时会与我的抉择撞车）之际抽身事外，因为实际上我无法强迫他做任何事情。

对所有类型的配对组合而言，成功来自我们对爱人优点的关注。

不要给叛逆的孩子下命令

许多叛逆者自发地告诉我，在他们小的时候，曾有那么一个特殊的时刻令他们意识到，这世上没有人能强迫他们做任何事。“我当时坐在地板上，妈妈硬要我把鞋子穿上，”一位叛逆者写道，“我就想：‘她不能逼我！’于是我就是不穿，一直在那儿坐了2个小时。”

与叛逆者型的孩子相处是一大挑战。如果你要他们或告诉他们做什么事，他们肯定会抵制。他们想要选择自己喜欢的方式行事，不要别人给他们设定预期。有位朋友说："我跟我那叛逆者型的女儿说，'过 5 分钟我来给你掖被子'。她居然说：'过 4 分钟怎么样？'"

事实上，虽然家长、老师和教练经常想要催促叛逆者，但这却是极为适得其反的策略。一位 15 岁的叛逆者解释道：

> 我和妈妈一起生活了 12 年，她很开明，会给我充分的自由。后来，我搬去和爸爸生活，他保守、严格，是一个凡事都强调纪律的支持者。在爸爸那儿，要是我做了什么他想要我做的事情，他就会洋洋得意，说些"你经常多做点这些事就好啦"之类的话。只要他不这样，我们的关系就特好，但只要他叫我做什么，我就偏不做。他搞不懂我怎么会这样，还以为我懒，没礼貌。

真可惜，这位父亲终究还是没有明白，吩咐一个叛逆者型的孩子去做事往往是行不通的。当然，如果把一个足够吓人的后果亮出来，也还是有可能让孩子去做事的。但是，这毕竟不是长久之计。

那怎么做才有效呢？还是和成年人同款的"配方"：资讯 + 后果 + 选择，无须唠叨，也不要纠缠不清。

这一手很"硬"。人们可能会觉得让孩子想做什么就做什么挺吓人的。但是，既然激励他们朝某个方向发展往往适得其反，那么更有效的办法或许就是相信他们自己的判断力（表面看来似乎有一定风险）。

一位叛逆者型的孩子的家长解释说："摆平叛逆者型的孩子的最好方法就是把资讯提供给孩子，让其自己做决定，要将存在的问题交给孩子去独自解答，任由他做出抉择并在他不告诉你的情况下采取行动。要让他在没有旁观者的情况下做抉择。旁观者 = 预期。如果他认为你没有在一旁盯着，那他也就没有必要跟你的预期较劲了。"

这是一个严重的叛逆者问题吗？有个孩子一心想要辍学。她的家人跟我讲了他们家是这样化解那孩子的叛逆的：

> 我姐姐琳妮显然就是一个叛逆者。她从幼儿园起就不太安分，但绝不是因为脑子不好。整个中学时期，她都一直在说要离开学校。今年夏天，这事儿看起来真的要发生了（还只剩下最后一年）。
>
> 在爸妈坐下来和她谈这件事之前，我给妈妈提建议说，你就让琳妮辍学吧。我把琳妮的叛逆者性格趋向解释给她听，还说琳妮一定有办法做自己想做的事情。妈妈不大情愿地同意了。
>
> 几个星期之后，琳妮开始谈论如何在网上读完中学，而不再提辍学的事了。今天，她跟我说想要回学校。他们重新调整了她的课程安排，以便更好地适应她的需要。
>
> 毫无疑问，正是由于爸妈让琳妮自己拿主意，才有了现在的结果。她感觉一切尽在她的掌握之中，也很高兴这是她自己的决定（的确也是）。我不由地想，如果爸妈硬是要让她留在学校的话，那又会出现什么样的结局呢？

与此相同，我还听到一位教师这样说：

> 我是我们县地方监狱的教员，主要教“普通教育”（GED）和高中修业证的课程。最近，我有个学生出了点儿状况，她和狱警争吵，也不完成作业。她当时曾说她是真的想要把“普教”证书读出来，可她却一点儿进步也没有。
>
> 我渐渐明白了，她就是一个叛逆者。我和她一起分享你的理论，从中帮助她以全新的、也更加正面的视角看待自己。我不再给她布置任何课外作业，而是让她自己决定每一天该如何学习：运用电脑软件、上分组课、自学，或者根本什么也不学。我写下这段文字的时候，她已经取得了五门考试五门全过的成绩，终于完成了高中同等学力的学习。

叛逆者能够做任何他们想要做的事情。

由于叛逆者型的孩子对大人要他们或者教他们做事很抵触，因此注意讲话的措辞就显得十分重要，大人应该尽量避免说任何听上去像命令的话。对家长而言，说一句“宝宝，记得跟你简姨说你过得好开心哦”这样的话一点儿也不像命令，但其实这就是命令。叛逆者型的孩子说不定原本还想说些礼貌的话，可现在就再不会说了。应该换一种方式，家长在开往简姨家的车里可以这样说：“虽然你简姨家不是太好玩，但我们每次去看她的时候，你都没有忘记跟她道谢。你跟她说话的样子看起来真的好懂事。”然后，就让孩子自己决定该如何表现吧。

一位音乐老师讲了她是如何针对叛逆者型的学生而采用量身定做的

方法的：

> 我曾经试图帮助一名叛逆者型的学生成为领头人，而不是当个“破坏者”。所以我就让他做些事，比如分发材料或是帮助身边的同学。我看得出来，他希望且喜欢管事儿……那为什么他又不抓住这个机会来管理并帮助他周边的同学呢？后来我明白了，作为叛逆者，他拒绝是因为他认为无论领头也好，帮助他人也好，都必须由他自己决定，而不是由我说了算。于是，我向全班学生宣布：“你们各自唱好自己在歌曲中的部分，做好手部动作，大家同时一起来。我要看谁做得好，这样我就能找到一名同学来领头。”他现在面临一个抉择：是竭尽全力表现，还是怯场逃避？还好，他后来真的很拼。我就问他：“你愿意做你们小组的领头人吗？”我没有命令他，而只是问他。他说好的。他激动不已地当起了小组领头人。

如果想要正面培养叛逆者型的孩子的精力和兴趣，比较有效的办法就是指出他 / 她在多大程度上能从一项活动中获得快乐，这样孩子也许就会选择坚持做下去。“你好像挺喜欢给报纸写稿。能看到自己的名字印在报纸上，还能和为报纸工作的人一起出去玩，你是不是觉得很开心？”“看到荣誉团体的名单上有自己的名字，那感觉真是超级棒。”

家长和老师可以帮助叛逆者型的孩子找到他们愿意达成某项预期的理由。例如，“本学期成绩优秀的同学将有资格参加明年春天班级组织的参观白宫活动”。一位叛逆者型的音乐教师解释说：“为了给叛逆者型的学生鼓劲儿，我强调说，如果你们表演出色，一定会获得不可思议的机会。我自己就是这样……这机会就是受到人们的赞赏！”

如果一项活动不是由于强制或义务，而是缘于选择、自由和自我展示，叛逆者就能够更好地回应。“什么时候你想学骑自行车了，你就去学，然后就可以和朋友一起骑车出去开心游玩啦。”而不要说“你不会骑自行车，朋友们会笑话你的”。

对待叛逆者，很关键的一点就是要坦然面对没有达成预期的后果，并让他们亲自经历这些后果。但是，这对于家长和孩子都是非常痛苦的。一位叛逆者解释道：

> 我本人就是叛逆者，我想说的是：叛逆者最有可能吸取教训的途径，就是直接忍受其抉择所造成的后果。我可以向你保证，我付账一向非常准时，我家中的一切都安排得井井有条。如果你养了叛逆者型的孩子，那你就不得不和他们一起吃苦头，而他们也从自己选择的后果中得到了历练。但是，如果你能允许这种情况更快地出现，他们也就能更快地懂得“有所为有所不为”的道理。

另外，某种特定的身份形象也可以给叛逆者带来巨大的驱动力，所以把一项行动和孩子所珍视的身份形象结合起来是极有帮助的。有位叛逆者回忆道：

> 最有效的办法莫过于给叛逆者一个能和他们的身份形象产

生共振的选择。例如，我和母亲之间多年来的紧张关系就与我守不守时有关。她总是要唠叨、轻声细语地提醒，再不然就高声怒喊，可这一切都没有用。终于，有一天她说道："行啊，就现在，我觉得没法儿再信任和依靠你了。你让我在那儿傻等你的时候，就好像要告诉我你的时间比我的宝贵得多。如果你就是想要做一个别人信不过且还让别人觉得他在你心里不重要的人，那也行。当然，你也可以做一个人人都信赖的人，并让他们都有受到尊重的感觉。何去何从你自己选吧。"此话瞬间让问题迎刃而解。因为她给了我一个选择，我立刻就明白什么才能与我的真实自我和谐共存。从此，一切都变得轻松自如。

还有，如果某事充满欢乐，叛逆者也是相当乐意去做的。对叛逆者型的孩子（当然其实也包含所有的孩子）来说，让活动更好玩是个不错的办法。"为了让我儿子刷牙，"一位父亲回忆道，"我们就设想成玩游戏。他假装是兽医给熊刷牙，或者是工程师清洗发动机。"叛逆者型的孩子也挺享受征服挑战的过程："我看你两分钟也准备不好，能打破原来的记录吗？"

在我最心仪的书籍之一，劳拉·英格尔斯·怀尔德（Laura Ingalls Wilder）所著的《幸福的金色年华》（*The Happy Golden Years*）中，有一个关于如何与叛逆者型的孩子相处的有益案例。劳拉（顺便说一下，她是怀疑者）16 岁时就在一所学校教书，她的学生克拉伦斯（Clarence）是一个叛逆者，不愿意读书。别人要他必须做课堂作业，他就偏不做，尽管他是一个聪明的孩子，也想学东西。

于是劳拉向自己的父母求教。她的妈妈想了想说："最好别硬逼他做任何事，因为他是不会做的。"于是，劳拉就改变了自己的方法。在给别的孩子布置完作业之后，劳拉对他说："这个作业反映不了你的水平，克拉伦斯，这样会把你的学习过程拖得很长……你看你能够学多少呢？三页（书）会太多吗？"

用这个办法，她做了两件事。其一，她把选择权留给克拉伦斯，给足他自由。其二，她给了他叛逆者一般都愿意应对的那种挑战。当她的言外之意是说他掌握不了三页书的内容，而其他的同学又有可能跑到他前头去的时候，他就想："我一定要做给她看。"不到一个星期，克拉伦斯就追平了全班同学。

需要记住的关键的一点就是，一定要让叛逆者觉得，他们是在做他们想做的事情，而不是别人要他们做的事情。一位叛逆者写道："如果你吩咐我做什么事，我的感觉就好像是你的囚徒。但要是你对我说：'这里有四种可能性，你自己决定吧。'那么，我还有可能做其中之一。"

我注意到，叛逆者型的孩子似乎通常和爷爷奶奶关系亲密，也许和爷爷奶奶在一起，他们能从紧密的家族纽带关系中获得满足，当然也有少量例外。

由于了解叛逆者的想法，因此叛逆者型的父母养育叛逆者型的孩子就容易得多。一位叛逆者型的母亲写道："我 4 岁的女儿也是一个叛逆者。她喜欢做选择，然后自己做决定，不仅为她自己，也为我们大家。我对这一点完全了解，所以我就让她自己挑选衣服，也让她帮我挑选衣服，早早睡觉好准时上幼儿园，早餐选择意大利面，晚餐就吃鸡蛋。"当然，这种配对组合也存在挑战。有位叛逆者型的朋友叹息着告诉我：

“每次我们去餐馆吃饭，我都没法儿叫我儿子别用吸管把芥末吹到桌子上，因为我自己也想那么干。”

一如既往，当我们认识了一种性格趋向之后，我们就可以更有效地与某个特定的人进行交流。无论我们爱得有多深，如果我们不懂如何去接近人，那么我们纵有再好的美言善行也是枉然。

给叛逆者选择的权利

叛逆者趋向有助于解决现实中的健康问题。

由于叛逆者不肯听命于人，所以很多在支持者、怀疑者和守义者身上收效甚好的策略，对于叛逆者都适得其反。这种情况让那些想帮助有健康问题的叛逆者的人们感到十分沮丧。本意很好的建议、鼓励、提醒和告诫，也许会逼得叛逆者恰恰做些对自己身体有害的事。甚至医疗状况本身也好像变成了叛逆者要抵制的东西。例如，有位叛逆者解释道：

> 我是一个1型糖尿病患者，这个健康问题直接影响到我的想法和行为，让我苦不堪言。我知道，照顾好我自己就意味着应当“控制住糖尿病”，但我好像就是把握不住。我几乎从来也不检查我的血糖水平，偶尔才吃一点儿胰岛素，就连吃饭我也不喜欢按时按标！我有好多年没去看过内分泌科医生了，所以我甚至连自己的糖化血红蛋白值也不清楚。

叛逆者无法忍受“要遵医嘱”的想法。事实上，如果哪位医生表扬叛逆者说：“你做得很好，完全按照我的医嘱做了。”那么，那位叛逆者就会立刻停止原来的做法，以示自己自由的个性。

如果人们提醒叛逆者说，无论采取什么行动，你都有权选择，那叛逆者往往会做得更好。医生不要对叛逆者说“你必须做X”，而是可以建议说，“当然，这由你自己决定，不过X通常都很有效”“你有考虑过采用X吗”“你觉得采用X怎么样”“许多人用了X都说对自己很有效”，或者“给你几点建议，仅供考虑哦，包括X、Y和Z”。

叛逆者甚至连自己试图给自己立规矩也要抵制。一位叛逆者型的大学生解释道：“我正在努力减肥，我刚给自己定下了吃晚饭时的规矩，可下一秒我就开始破坏规矩在晚上吃得更多。或者我对自己说，我再也不吃面包了，可是转身就去买了一整只漂亮的酸面包。”另一位叛逆者找到了一个应对这种自我抵制的聪明办法：“如果我想吃得健康，就先把巧克力或别的什么‘不好的’东西吃掉。我对自己说：‘我打赢了，我想干吗就干吗！’在之后剩下的半天时间里，我再去抵制吃垃圾食品时就感觉很轻松。”

无论何时，要想帮助叛逆者，最有效的办法就是给他们提供资讯、后果和选择。正如一位支持者型的医生所说：

> 我是一名家庭医生，我的一个病人对我的医嘱非常抵触，而我是在帮她减肥并治疗前期糖尿病/胰岛素抵抗。在跟她交谈的过程中，我脑海里一下子就跳出“叛逆者”三个字。我立刻转换策略，为她开列了一张“愿意就做”的建议清单，而不是采取更具指导性的方式，其实我认为这一方式对大多数人都

非常有效。后来，这位患者到我这儿回访了一次，她采纳了我那个清单中的一条建议。她的体重下降了，自我感觉更好了。我认为，如果我当初采用了指导性的方式，那结果肯定就不一样了。指导性的方式对支持者、守义者和怀疑者都很适合，因为我总是会详细讲解我的每一条医嘱。但对叛逆者，这一策略并不奏效。

叛逆者能够从了解相关信息中获益，譬如了解自己每天的体重，或当下走了多少步。所以如果要叛逆者自己做身体监测的话，比较有效的表达方式就是“你会发现，了解自己现时现刻的运动量是多么有趣和有用”，而不能说“你每天需要走一万步，你应该把这个运动追踪器戴上”。

凡是与选择、自由和快乐搭边儿的吁请方式对叛逆者都有用：这个药 / 饮食配方 / 锻炼方案 / 每日习惯将会使你感觉更好、让你更有精神、疼痛减轻、感到很有趣、改进身体表现、提高你的性生活质量、给你想要的生活。营养学家也许会说：“有位客户发现，他放弃摄入糖之后，他更有耐力了，在网球比赛中的表现也更加出色了。”这位营养学家并没有告诉叛逆者该怎么做，而是提供资讯来帮助叛逆者做出抉择。一位叛逆者回忆说：

我最喜欢的私人教练总是对我说：“你也许可以先试一个星期，如果不喜欢，就别再练了。”在他这里没有压力、不必内疚、也不存在什么真正的规则，只要发现自己的潜能就行。

他的做法从来都和主流做法背道而驰。我无法很好地坚持训练计划。那些动辄需要坚持30天的计划让人觉得很受约束。我要是真的选了这样的训练计划，那我一定会打破其中的规矩的。

通过如下的表达方式来提供帮助也是可行的："如果我帮你安排一下每周的用药，你的生活会变得轻松些吗？""如果我来陪你，你会更加享受步行吗？"

我收到过某人的一封电邮，她想劝其丈夫戒烟，但终因无果而几近绝望。这没有什么让人吃惊的，她一直以来的所有苦心规劝全都白费了，尽管她丈夫也说过想要戒烟。她问我有没有什么建议。我给她写道：

也许你的叛逆者型的丈夫可以改变一下他戒烟的思路。

——叛逆者讨厌被困、被限制。所以可把吸烟看成是一个陷阱："我被烟瘾的锁链捆住了，没有香烟我就什么也不行。"

——叛逆者讨厌被人过度利用："我的钱都进了大烟草公司的腰包。"

——叛逆者都愿意展示他们的身份定位："我是一个不吸烟者。我选择做这样的人，我就是想这样。"

——叛逆者看重快乐："这该有多么美妙啊，一觉醒来不再干咳，不再喘不过气来，感觉更有精神，爬楼梯也不用气喘吁吁。"

——叛逆者珍视自由："在办公楼或机场这些地方，我都得服人管，想吸烟还得照人家说的去指定地点。”

——叛逆者喜欢按自己的方式行事：他可以用自己的办法来戒烟，而不是去执行什么戒烟计划。

——注：对于叛逆者而言，“我会让你瞧好的”总是不错的办法。“亲爱的，我觉得戒烟简直太难了，瞧那些一根根的香烟把你的魂都勾走了。我看你是永远也戒不了烟了，不如就放弃算啦。”

她在回复的邮件中提到了事情的积极进展：“最有效果的策略就是在最后一点的基础上稍加变化。我对他说，他 18 岁的儿子认为像他这样的老家伙不可能戒得了烟（确实也是），然后他还真就做出了‘我要让他瞧好’的回应。”

叛逆者还以蔑视常规为乐，并总是想要证明自己何其聪明，那些愚弄大多数人的把戏根本奈何不了他们。有位叛逆者就是用了完全是叛逆者的方式戒了酒：

我突然就想明白了，我喜欢喝酒，但不喜欢变胖，不喜欢花那么多钱，不喜欢在聚会上出洋相，更不喜欢一醉不起。一旦我看穿了世人告诉我们的那些有关饮酒和沉沦的谎言——电视上的那些身材苗条的型男靓女们常常外出喝酒吃饭，但却永远不会生病、不会体质变差或身材变胖——彻底戒酒也就容易得多了。

叛逆者都希望通过自己的行动来展示其价值观，因此，将一种习惯与重要的身份形象挂钩就可以帮助叛逆者实现自我改变。

职业选择：挑战 + 自由

我再说一遍：叛逆者能够做到任何他们想做的事。认识到这一点，叛逆者们就往往会选择可以给他们更大的灵活性来选择工作、设立自己的计划并避开回应其他人的那些职业。我从许多叛逆者那儿都听到过有关他们如何营造环境的情况。在那种环境中，每一天都不一样，而且也没有来自其他人的预期。“我有一个超级灵活的工作时间表。我以前在办公室里工作，我很讨厌那种状态。现在，作为一家餐馆的项目经理和人事主管，我主要在家办公，偶尔才去餐馆。我给自己排了每天的日程，而每天都不同。”“我是一个 IT 签约人。我感到无聊，所以经常跳槽，幸运的是，我直到现在还没有过太多找不到工作的时候。”“我是一名税务领域的认证公共会计师，整天和最后限期及那些毫无意义且武断专横的条条框框打交道！然而，我是作为个体经营者做这些事的，我控制着自己的职业生涯和客户群的规模。”

叛逆者经常会自主创业，因为除了自己，他们不愿意回应任何人，但其实，他们也不喜欢回应自己。我在一次技术研讨会上见过一位叛逆者。他说：“我只能为自己工作，因为我想每天一醒来就只做自己想做的事。”

“但是，”我进逼一步说，“你是自己开业的呀。那一定会有很多不得不做的事情，就算你不想做也得做。”

“是啊，这问题太严重了，”他承认，开始有些泄气，“不到迫不得已的时候，我是没法儿让自己去做那些事的。这拖了我业务发展的后腿。”

一位成功的叛逆者型的企业家告诉我："完全靠自己打拼的叛逆者大都不那么有效率。我们不喜欢管理上的细枝末节、最后限期什么的。所以我就和妻子一起开了3家公司。她是一个支持者，可以平衡掉我叛逆者的某些弱点，我俩是绝配。"

在被赋予了挑战并可以按自己的方式应战的环境中，叛逆者总是如鱼得水。也许正是由于这个原因，许多叛逆者才会青睐销售工作，因为在销售工作中，实际的业绩才是最要紧的。一位叛逆者的妻子颇有心得："我丈夫虽然和老板多有冲突，但他也是最成功的推销员，而恰恰是因为他无视老板制定的那些规章，才使他没有失去那笔（重要的）交易。"

同样，在创意产业里，实绩也是至关重要的。我的妹妹伊丽莎白作为电视写手和制片人也说："在好莱坞，叛逆者不把规则放在眼里也没事儿，只要他们能创作出优秀作品就行。还有，尤其是在风格各异的导演当中，只有他们走自己的路，做自己的事，不在乎别人怎么想，特立独行，有创意，才能赢得非凡的成就，即使这样的过程让其身边的所有人都感到不快。"

我曾和一位企业律师进行过交谈，而这个职业听上去并不一定适合叛逆者。"你是如何做到的呢？"我问她。

"我热爱这份工作，"她说，"我是在一次危机中被卷进来的，这种时候人们往往愿意冒险。如果相关规则不起作用，我就会打破这些规则，凡是不对的东西，我都要纠正，这样我就能继续向前。一旦规则固化并要求强制执行，就会让我感到窒息。"

与此同时，正如前面所提及的，叛逆者也能够被高度规范化的领域所吸引，如警界、军界和宗教界。

小结：与叛逆者打交道

他们抵制内设预期和外设预期。

他们非常重视自由、选择、身份和自我展示。

如果有人要求或吩咐他们做某事，他们很可能拒绝。

他们这样应对挑战："我会让你看到""瞧好吧""你不能左右我""你又不是我老板"。

他们选择采取行动，往往是出于爱、使命感和对事业的信仰。

他们很难要求自己做某事，即使此事也是他们想做的。

他们按照自己的方式、自己的时间来应对挑战。

他们不善于回应指导、建议或指点。

他们一般都善于分派任务。

如果他们保有一段长期的关系，那么对方很可能是守义者。

第六部分
四种趋向的实战应用

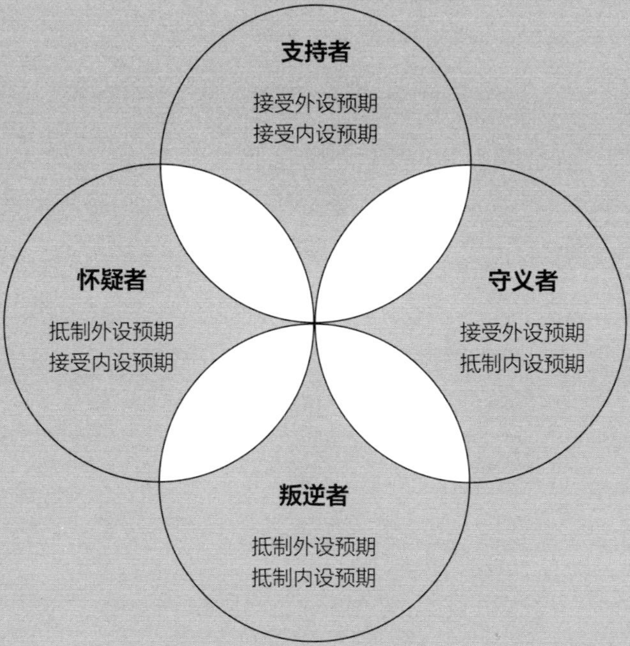

第十一章

与任何人都能自如地相处

建立在性格趋向基础上的人际关系，没有哪一种是必然注定或者可以确保的。然而，当来自不同趋向的人们成双结对时，作为爱的伴侣也好，家长与孩子也好、同事也好，或者其他任何配对组合也好，总会呈现各种不同的范式。

当我们第一次邂逅某人时，我们常常会被对方的某些特质所吸引，但随着时间的推移，恰恰是这些特质会把我们逼疯。支持者最初被叛逆者不按规则出牌的率性所迷住，而吸引叛逆者注意的则是支持者无事不成的能力。但是在经历了几年的婚姻之后，这些品质看起来可能就远没有那么迷人了。

当然，这并非唯一重要的因素，但了解了四种趋向，就可以给我们看待各种关系带来有益的视角。

支持者与支持者

我所交谈过的支持者与支持者结合的伴侣极少，这或许表明支持者和支持者不能很好地结对相处，又或者说明了一个简单的事实，即支持者人数稀少。

如果我有机会，我很乐意与其他支持者一起工作：我可以直接依靠他们完成任务，而用不着玩什么小心思，他们也会直言我的要求是不是过分了。

然而，我却不确定自己会不会嫁给一个支持者。对于任何预期的坚守不渝也许会造成过度紧张，而且即便一对支持者相互之间能够和谐相处，他们也会使周围的人们感到日子难过。一位支持者如是写道：

> 我和丈夫都是支持者，就像我 13 岁的女儿说的："妈妈，我从没见过像你和爸爸这样的父母。"我把她的话权当夸奖吧。我俩都高度重视性格和纪律。我是一个健身教练，我先生是教练兼网球指导员。对我们的客户和学生来说，我俩心善且关心人，但"背地里"我俩却也挺能评头论足的。如果别人说过的事却做不到，我俩都会感到受挫。

两个支持者在一起也许可以干成许多事，但是他们也有不足之处。在一次我家和另一个家庭结伴而行的旅途中，我和那家的支持者丈夫 / 父亲决定带孩子们乘游船横贯柏林。沿着河边，我们看到好多地方都可以上游船，这时有个导游指着其中一个上船点说："下一班船就在那里发船。"没过多久，我们两个支持者站在这个空无一人的上船点边上，看着游客们从另一个离我们只有几码远的上船点陆续登船。

"是他说下一班就在这里发船的。"我朋友说，巴巴地看着游船驶离。

"谁说不是！"我回答，"没错吧？"我们只得拿自己开涮，明明看到这个点空空如也，而另一个地点却有很多人，但还是傻傻地相信“专家”的话而不敢乱动。我心想，要是我丈夫杰米这会儿和我们在一起，那我们肯定早就离开这里到那个上船点去了。有一个怀疑者在身边还是有好处啊。

支持者与怀疑者

支持者常常与怀疑者配对。我的婚姻就是很好的例子，我认为这样的结合非常有好处，对双方都是如此。支持者有时太愿意达成预期了，所以如果有怀疑者在身边的话，就能帮他们质疑或推掉某些他们原本可能会不假思索就照单全收的要求。从怀疑者的视角看，一般说来，支持者是很好相处的配偶，因为他们随时愿意达成预期。

我妹妹指出，作为支持者，我在生活中的两个最具影响力的地方都有怀疑者：一个是我丈夫；一个是克里斯蒂·弗莱彻（Christy Fletcher），我的文稿经纪人。他们的好问使我免做许多无谓之事，无论是居家，还是在工作上。

例如，在纸质版《比从前更好》即将出版之际，有人要我给某个杂志写篇文章。具体的要求就是：以第一人称写一篇有关掌控关系的稿子，要逐一简要介绍四种趋向，并针对每一种趋向提出掌控性格习性的建议，篇幅约 1 000 字，无稿费。

写作这篇文章的要求太高了，极不好写，那个约稿函我读了一遍又一遍，越读心里就越不踏实。我就想逃出去。我给克里斯蒂发邮件说：“我要接这活儿吗？”“别接。”她立马回复我。

作为支持者，我嫁给了怀疑者杰米，这使我自己也学会了遇事多问问（事实上，杰米也许希望我尽量少学他怀疑者的样子，因为如果配偶有求必应地帮你做事，还没有那么多的问题，这该有多美呀）。同时，作为支持者，我对他不问明白就不做事的做派也会不耐烦，更不消说怀疑者对别人的问题爱答不理了。

话虽如此，但对支持者和怀疑者夫妻来说，双方都能随时准备好达成他们自己的内设预期也算是一种解脱吧。

支持者型的家长会被怀疑者型的孩子的问题给气着，因为他们希望孩子按大人的话照做就是了。一位支持者型的父亲这样写道：

> 有时候，带我的怀疑者型的孩子会搞得我很灰心，实在弄不懂这孩子为什么就不肯做那些必须要做的事。当然，所有的孩子都不省心。可是，照我的想法，像什么穿鞋、把字写好、洗个澡什么的，这不都是必须要做的吗，你直接去做不就得了。但是对怀疑者来说，还真是啥事儿都得讨价还价。

支持者与守义者

与其他三种趋向一样，支持者和守义者可以配合得很好。守义者和支持者都有达成外设预期的意愿（不像怀疑者和叛逆者），因此会配合和尊重彼此的这种意愿。

守义者（大多数情况下）能靠谱地达成外设预期，支持者对这一点感到欣慰，但他们不能够达成内设预期，却又让支持者很沮丧。

而且，支持者也不会对守义者身负压力表示同情。例如，守义者也许会对他的支持者型的上司说：“累死我了，就为了你这份报告，我一连5个晚上都熬夜到半夜3点。”支持者上司非但不会如守义者所愿地褒奖一二，反而却有可能说：“你要学会掌握工作进度，那样你就不用每天都搞得这么辛苦、这么晚。做好工作的首要前提，就是你需要睡好觉。”

站在守义者的角度，守义者欣赏支持者能够达成外设预期。然而，他们有可能被支持者的期望所压垮，同时还会感到被支持者评头论足，而支持者却极少能理解守义者为什么会挣扎于达成内设预期。

守义者有时认为支持者冷酷、自私，因为支持者会在内在预期与外在预期发生冲突时选择达成内设预期。一位守义者（看样子即将进入守义者式叛逆的爆发阶段）写道：

> 在我们结婚的这9年时间里，我那支持者型的丈夫完成了医学院的学业，度过了住院医生实习期，现在正式上班了。他是一个非常用功的学生，他所有的考试全部通过之后让我兴奋不已。我以为自己终于拥有了他的全部。可是我很失望，我发现他总是有重大的目标或项目在全力攻克。而我又是一个守义者，所以我觉得我也把他的目标内化于心了，也就是说，我经常会在按传统应归男人做的事情上主动替他补台，这样他便可以把精力集中于学业等事情上。
>
> 但是，我现在觉得他的那些目标对整个家庭一点儿好处也没有，所以我对他争取“分外”的事做，以及为一些我并不认为很重要的事设立最后期限感到非常生气。我俩有3个很小的孩子，是的，没错，他也搭了不少的手帮忙带孩子。可是，我

总是觉得他来去匆匆地做事就是为了快点去捣鼓他自己的目标。他每天特别早（上午5:00）就起来做事了，而且还经常把我也叫醒。在经历了每天晚上都要反复起来照看小孩子，并且多年来一直睡眠不足之后，我就真的特别恼火他为了自己的事把我也叫醒。

他搞得好像他有多少事情要做似的，可我心里清楚，他哪有那么多事，因为这些事都不是什么外设预期。有一次，我的处境十分紧急，我就要求他专注于最基本的事情上，而不要搭手额外的目标，那些肯定也会成为我的目标的。如果我一边行动一边又对他的目标表示出不感兴趣，那我压根儿就不该出来帮他，因为这一点对他来说太重要了。

我理解他们双方的立场。我必须要说，作为支持者，这位守义者的一番哀叹让我能从一个全新的角度来理解守义者为什么会对支持者渐渐失去耐心。

当支持者拒绝提供督责时，守义者就会感到非常沮丧。

如果守义者说，“是你要我做，我才做的”或者“我这都是为了你”，那支持者就会感到不舒服。支持者期望人们做任何事都是出于他们自己的原因，这真是一个过分的要求。

对于性格趋向的理解有助于减少冲突。一位支持者写道：“了解了我的搭档是一个守义者之后，我们的关系就有所改善。因为我明白他做某事不能坚持到底，其实并不是因为粗心或散漫，他只是需要外部的督责。”

支持者与叛逆者

总的说来，支持者和叛逆者的搭配档很难相安无事。他们观察世界的方法截然不同，所能适应的外部环境也截然不同。破坏规矩让支持者感到不安，而叛逆者却乐在其中。随着时间的流逝，这会导致大量问题的出现。正如一位读者所述：“我是一个支持者，嫁给了一个叛逆者。他很难在别人手下工作，厌恶我们的教会，大多数时间都会因为不得不工作而闷闷不乐。他只肯在家附近从事那些自己挑选的或想做的工作。我自己会去找职场顾问咨询意见，但他不会。我很爱他，在我治疗癌症的极其困难的日子里，他是一路陪伴着我的白衣骑士（那时一点儿也没有叛逆者的样子）。”

另外，支持者一般都喜欢规划、方案和作业，讨厌改变或完不成计划，而叛逆者则拒绝被承诺所束缚。支持者越是想把什么都放进日程或待办清单里，叛逆者就越是会不予理会。

在支持者 / 叛逆者的这对关系中，无论谁是支持者谁是叛逆者，只要涉及家长和孩子，那一定是非常难处理的。

一位叛逆者型的朋友有一个支持者型的小儿子。我问他：“如果说你孩子的学校有规定，比如‘周五学生们必须穿扣角领的衬衫’，那你会怎么办？”

她思索了一会儿。“如果这对他很重要，我会给他买一件，”她说，（她这位叛逆者尤其重视做一个有爱心又善解人意的家长）“但我绝对不会强迫他穿”。

通常来说，支持者和叛逆者能否成功结伴相处取决于他们其他的性格特质。譬如，就婚姻而言，若对方虽是叛逆者，但却非常珍视做有爱心又乐于助人的配偶，那么支持者也能与之和睦相处。

只要对对方不抱过多的期望，支持者和叛逆者就可以保持相当融洽的关系。一位叛逆者写道："我室友是一个支持者，我每天早上起床的时间都不同，这把她彻底吓坏了。而我也被她给惊到了，她居然能如此精确、刻板地掌控时间，她连坐地铁都能记住陌生人的脸！"她们虽然惊诧于彼此的行为方式，但各自的生活却并未因此受到影响，也就自然不会伤害到她们之间的友谊。

其实，不同性格趋向间的结合都不是必然注定的。如果性格特质和环境条件匹配得当，那么任何趋向组合都一样可以相处融洽。一位支持者解释道：

> 我伴侣的叛逆者趋向平衡了我的趋向，还帮我软化了某些支持者的特质。我喜欢做支持者，但也有好多次我因之挫败，特别是当我陷于要不要承认自己是个同性恋的痛苦中不能自拔时。出柜感觉就像让自己和家人的期望一同灰飞烟灭似的，这对于支持者几乎是不可承受的。
>
> 与此相反，我的伴侣年少时并未纠结于是否出柜，因为她太愿意做与性格相悖的事了。其结果，在与大多数人一样的自我认知的初尝阶段，她的叛逆者趋向在情感方面保护了她。她对于自己是谁非常自信，这一点是我对她十分钦佩的地方之一。
>
> 她的随性而为让人有些吃不消，但也迫使我放松自己，认

识到什么时候我可以“为了循规而循规”。譬如，我常常纠结于要不要取消计划，但如果我感觉不舒服或上个星期已经压力很大，她就很乐意看着我最后低头并将计划取消，不过这可能也是一种平衡，因为我不再会有未能达成自己预期的受挫感。尽管她具有叛逆者的趋向，但她确实想要使我快乐，因此对那些我在每天的生活中加入的待办清单、日程和无穷无尽的计划方案，她也就勉强默许了（当然也大大地取笑了我一把）。

另一位叛逆者也认为支持者和叛逆者完全可以相得益彰，她是这样解释的："我很欣赏我支持者型的先生的完全的奉献精神和对目标的不懈追求。他重视我的独立性和不墨守成规的思维方式。我俩分属于两种‘极端的’趋向，都无法理解守义者和怀疑者。在我们看来，他们总是自相矛盾又多愁善感。"

支持者和叛逆者可以从对方身上学到很多东西。我曾经写道，我的支持者格言就是“纪律带来自由”，而一位叛逆者回应说："至于我们叛逆者的格言，格雷琴，我建议把你那个支持者格言正好倒过来。不管怎样，支持者和叛逆者总是被人形容为针锋相对。所以，你依你的‘纪律带来自由’的格言生活，而我则守着我的格言‘自由就是纪律’过日子。"

怀疑者与怀疑者

对某些人来说，一对怀疑者无疑能相处得水乳交融，因为两个人都懂得和欣赏问有所答的重要性。

一位怀疑者解释道：

> 我先生和我都是怀疑者，只是表现各有不同而已。为了买一顶露营用的帐篷，我先生可以花上好几个小时做研究，可我就从来不这么干（我买东西一向当机立断）。不过即使我自己不这么做，我对他事前做足功课还是很满意的。
>
> 我从几对夫妻身上看到，我们与他们是多么地不同，因为我俩相互提问的时候从来没有被威胁或被批评的感觉。我俩懂得，对待一个决定，有必要从多角度进行审视。我们发现这样做很有好处，还不会伤人。在我对某一决定、采购和计划提出问题时，他不会觉得我在批评他，这一点让人感到神清气爽。他对这个也很清楚，甚至还有点沾沾自喜呢。

另一方面，两个怀疑者有时会感到很难做决定。一位怀疑者型的朋友观察说：“因为我俩都是怀疑者，所以很容易陷入决策僵局。”

“譬如说？”

“在我家房子重新装修的时候，我们需要换上一台新的洗碗机，但每次就要去换的时候，你知道的，后面的事又来了，我们站在院子里，又开始讨论要不要再加一层地板。每一个问题似乎都会引来更多的问题。”

“那你们俩最后是如何做出决定的呢？”

“整整两年，我们就守着一个没有开始使用的洗碗机过日子，因为我俩就是没办法决定该怎么办。最终，我决定管它什么洗碗机，有总聊胜于无。我说：‘下个月咱们家就有客人要来住，我们得赶在这之前把洗碗机安装起来。’我们俩对最后期限都比较敏感。”

怀疑者型的家长和怀疑者型的孩子配在一起，其关系往往非常融洽。对孩子不愿意做带强制性或理由不够清晰的事情，家长也大多感同身受，同时也愿意从父母的角度给出理由和评判。怀疑者型的孩子尊重怀疑者型的家长所做出的好的决定。

然而，怀疑者不喜欢被人诘问的习性却令人沮丧。怀疑者型的家长会说：“晚餐我做什么大家就吃什么。”或者怀疑者型的孩子说：“我现在不想说这个，我得做理科作业呢。”解释总是存在的，因为不管怎么说，他们毕竟是怀疑者，而怀疑者总是不想被别人诘问。

怀疑者与守义者

守义者能与怀疑者很好地相处，但也潜藏着一些爆发冲突的因素。一位守义者举了一个很小但很生动的例子：“我走人行横道，而且遵守红绿灯信号，但我的怀疑者型的丈夫并不把人行横道和红绿灯当回事儿，所以他总是乱穿马路。”

守义者会被怀疑者无休止的索要理由、资讯和解释的行为激怒。一位守义者回忆说：

> 我在一个怀疑者型的上司手下工作，她不到最后一分钟是不会收集到足够的资讯来做决策的。作为替她做财务模型和预测的守义者，我曾经花费无数个小时来建立新的模型，而新模型的假设只有细微的不同，但最终所有的新模型得出的结论都与原初模型几乎完全相同。

守义者最好记住，怀疑者在非常了解了别人要他们做某事的理由后，往往都会与人配合得更好。一位守义者写道："我现在才明白，如果想要我的怀疑者型的先生做什么事，我就得给他解释做此事的重要性。我过去一直以为，这事儿必须要做，那他就应该去做，其实他还需要一个做事的理由。我俩曾经好几个小时都在为做事而争论不休，要是一开始我就把所有的理由和盘托出，那这些争论就都可以避免了。"

守义者型的家长或许会对怀疑者型的孩子变得非常不耐烦，因为孩子的问题有可能十分烦人而又放肆。一位守义者告诉我说：

> 作为守义者，我的观点就是，如果你的家长、老师或者教练吩咐你做什么事，你就去做好了，别问什么问题。但在没搞清楚要她做事的理由之前，我的怀疑者型的女儿是绝对不肯做的。我知道，她这样并不是有意要自作聪明或不肯合作，但我担心在她生活中的其他成年人不会像我这样有耐心。

当怀疑者看到守义者未能达成内设预期，他们就会对守义者表现出轻蔑和严苛的态度。由于他们在达成内在预期方面不存在任何困难，因此他们对守义者的挣扎丝毫也不表示同情。同样，当守义者抱怨那些"必须"做的事情时，怀疑者也没有多少同情心，因为他们会想，"如果你不想做，就别做好了"，或者"你当时为什么要说你会做，既然你这么不想做"。

怀疑者与叛逆者

怀疑者和叛逆者之间有着天然的亲近感。这两种趋向的人都觉得自己（或多或少）有资格自立规矩，拒绝外设预期。一位叛逆者写道：“我和怀疑者相处得很好。他们会说：‘我才不管人家说我们应该做什么呢，说那些跟我也没关系，反正我是不会做的。你会吗？’而我就说：‘哦，我也不想做啊。’”

对支持者和守义者而言，上述这种态度简直就是连对每个人都适用的预期都要漠视，而且不惜将自己也牵连其中。但是对怀疑者和叛逆者来说，如果有人不持这种态度，他们反而会感到吃惊。

然而，对于叛逆者那种天然的违逆姿态，以及连公正、高效或者有理的事都要拒绝的做派，怀疑者也会变得不耐烦；叛逆者则对怀疑者坚持不懈地寻求资讯和理由不以为然。我曾听到一位读者这样说：

> 我是一个怀疑者，现在和我同办公室的还有一位叛逆者。当我们团队已经决定要进行另一项行动时，他却还在做着自己的事。他总是把时间浪费在一些完全不会增加价值的事情上。我热爱自己现在的工作，因为我的职责就是要对运行现状的成因提出疑问，进而找到基于数据及研究结果的解决方案。但我下班回家后却感到心灰意冷，因为此君根本就无视新的数据和研究成果，仍然一门心思地做他自认为该做的事。我之所以心灰意冷，都是因为他不能按时完成工作，害得我的问题都还没有找到解决方案。

一位和叛逆者搭档的怀疑者总结出此种搭配的优势和劣势：

当我们做出一些违逆主流的异乎寻常的抉择时，我们真的非常理解对方，因为我已经为此做好了研究并感觉良好，而他也因此可以高高兴兴地做一些无人预期的事情。另一方面，选择何种车型这种事却能让我们久拖不决。我会陷于无休止的比对研究之中，而他则可能被选来选去最后还是“吊在”同一款车型的结局给吓着。我们常常有同感，那就是外设预期对我们一点儿也不重要。

守义者与守义者

根据所处的环境不同，两个守义者之间的关系也可以十分和谐——在我所认识的婚后最幸福的夫妻中，就有两对双方都是守义者，但他们依然还会在想法与行动之间纠结。一位守义者解释说：“我们想要吃得健康些，但当一个人说：‘要买比萨吗？’另一个就会说：‘买！’我们每次想鼓动双方一起做些有益健康的活动，譬如健身，就总会搞得心里很不舒服。我们轻轻松松就能为我们能做的事制定一个宏大的计划，但接下去就一定不会有下文。”

守义者夫妻和谐相处的关键是要建立外部督责机制，而这常常指的是这对夫妻之外的督责。已婚的（守义者）夫妇想要严格执行开支预算，但又苦于难以彼此督责，那么经常与理财顾问或财务指导见见面或许就能让他们获得督责。

一个守义者型的家长和一个守义者型的孩子可以愉快共处。家长觉得要对孩子负责，而孩子也愿意对父母负责，于是他们在一起就能成就许许多多的事情。一位守义者写道：

每天早晨，我需要有督责机制才能从床上爬起来。我妈妈也想早起，于是我就建议我俩做圣经诵友。我早上 7:00 叫醒她，然后快速碰头之后，我们就开始诵读一段圣经，相互讨论并彼此祝福。这是一个完美的解决方案，有了这个做法，我俩就都能按时起床，并且还培育了天天诵读圣经的新习惯。我一直都想这么做。另外，我俩都为能共度这段清晨时光而感到无比幸福。

守义者与叛逆者

这一特点鲜明的配对范式在本书第 10 章题为“与叛逆者型的配偶相处及叛逆者 / 守义者配对范式”的一节中已论及。

某些守义者 / 叛逆者的子女的确也会经历挫折。例如，许多守义者型的成年子女都告诉我说，有个叛逆者家长是一件痛苦的事。

一位朋友说：“我母亲特别喜欢她的孙子孙女，但我请她帮忙带带孩子，她就要我们把孩子送到她家去，什么时候送也是她说了算。所有的事都得按她的意思来。而也就是因为这个，她也错失了不少机会。我和丈夫平时有什么事也不愿意带她，因为我们会想：‘嗨，我们得准时到那里，或者我们要这样做这件事，她怎么也跟不上趟儿的。’”

另一位守义者给我写道：“我曾经跟我父亲说，某活动会在 6:00

开始，其实是 7 : 00 才开始，因为他总是习惯性地迟到。他说我故意搞鬼耍人。真是一点儿也不冤枉。”

故意搞鬼，还是务实？这真是一个细微的分界。

叛逆者与叛逆者

叛逆者一般都很难和其他叛逆者愉快地结对相处。一位守义者总结说：“我先生和女儿都是叛逆者，但极具讽刺意味的是，他们俩都讨厌对方身上的那些叛逆者特征。他们非常严厉地指责对方做的事，而这些事他们自己恰恰也都在做。他们相互骂对方懒虫，还不断挑对方的错，任何时候都在互怼。”

一位作者给我写道：“我认识一对叛逆者夫妻，他们相处得还可以，原因有两点：第一，那位丈夫痴迷于自己开创的事业，而且生意上也赚了很多钱，而他的妻子就待在家里，把孩子们送到学校后，她乐意干啥就干啥；第二，他俩都有非常强烈的身份感，这使得他们都想要做优秀的家长和家庭成员。”

我完全被这一对极为罕见的亮眼叛逆者夫妻给迷住了，于是我在回复中问道：“他们如何决定该做什么？譬如说，什么时间到什么地方去度假？”叛逆者一般来说总是拒绝按别人吩咐的时间做别人吩咐的事，即使这是他们也非常想做的事。

“我的资讯来源”回复道：

> 我就喜欢听他们制定度假计划的那些事儿。妻子精准地规划好自己想要的一切，然后丈夫再决定是不是要妇唱夫随。反

正到现在为止，他都还没有落下过一次，而她也从来没有给过他一丝一毫的压力。如果起先是他教她来规划度假安排的话，那她肯定早就一口回绝了。他俩大多数情况下都是这样做计划的：以一个人为主，精心筹划一切，另一个人只要决定到时是否参与即可。至于说到带孩子，他们则尽可能地轮流承担，因为两人都一致认为做所谓‘应该做的’事就是一种痛苦。我认为，如若不是他俩都能承受得起把诸多事情外包给对方，那么他俩的关系也不见得会好。

一对叛逆者夫妻这样描述他们的关系：

我是那种称自己为“自由主义叛逆者”（叛逆者兼守义者）的人。我需要自治、空间、自由和灵活性，由此便能经常迁移、改变观点，也不会感到被束缚得太紧。任何计划一旦在我手中开始形成，我第一时间就想要改变它。我先生就不一样了，但他仍然是个叛逆者。我称他为“认同型叛逆者”（叛逆者兼怀疑者）。他喜欢别出心裁，喜欢我行我素，喜欢真诚待己，喜欢通过所做事情的内容和方式来展示自己。

至于说到我们的共同生活，说实话，就没这么复杂了。我在别的城市工作，所以我们是两地分居。我们有两套公寓房。每次我俩别后团聚的那几天，我就开始待不住了。我俩谁也不觉得投入很多的心思、时间、精力和金钱去维持两套房子的舒适整洁有多大意义，所以我俩在家务事上的投入就极其有限。

这两位叛逆者成就了一对模范夫妻，因为他们是在为自己打造想要的生活，而不是随波逐流地按传统习惯过日子。

曾经与我交谈过的不少人都跟我说：“我是一个有叛逆者型的孩子的叛逆者，我不知道，那些非叛逆者们都是如何找到办法来应对叛逆者型的孩子的。”然而，也有个叛逆者型的母亲告诉我：“我过去不大管我女儿，也从来不提醒她做作业什么的，为这个我心里曾经十分内疚。现在我明白了，她和我一样也是一个叛逆者，所以对她还是别管得太多更好。”

具有同样性格趋向的夫妻中有一部分人可以相处得比别人还要和谐，但大多数恐怕还是要取决于具体的条件。当夫妻之间发生矛盾时，不管是在家还是在职场，都可以运用这样一条规则来消除很多的冲突：只要有可能，我们就应当允许别人用对自己有效的方式做事。

这话说来很明白，但是在很多情况下，我们的性格趋向及作为人的本性会使我们有驱使别人的欲望，而这种时候我们还是放手让别人按自己的方式做事为好。

譬如，作为支持者，我总是想要按照规则立即完成任务；而作为怀疑者，我丈夫杰米又总是想要做那些似乎最有成效的事情。该怎么办呢？我用我的方法完成我的任务，他用他的方法完成他的任务，我俩绝不相互干涉对方的事情。

我们也许觉得只有自己才能掌握那个做事的“最佳”途径，又或许认为别人的方式“应该”也能行，但无论在家里还是在工作单位，只要任务能够顺利完成，我们就应当让别人各显神通。只有当我们承认和尊重别人以不同的方式行走天下时，我们才能与他们相处得最为和谐。

第十二章

说服力：如何有效地影响他人？

无论我们是在工作，还是宅在家里，抑或浪迹天涯，我们都总是想要说服或影响别人做我们要他们做的事情（即便我们要他们做的就是别再来打扰我们）。当我们考虑到自己的性格趋向时，就会创造出对我们最为有效的条件和信息；而在考虑到别人的性格趋向时，我们也应当创造出对他们最为有效的条件和信息。

我们很容易得出结论说，大凡能说服我们的，也一定能说服其他人，可惜事实并非如此。我们需要记住：我们比自己想象的还更像其他人，我们也比自己想象的更不像其他人。将这一条铭刻在心是非常难的。

简言之，要想说服某人遵从某种进程，最好牢记以下要点：

- 支持者想要了解该做的是什么。
- 怀疑者要的是合情合理的理由。
- 守义者需要督责机制。
- 叛逆者希望有按自己的方式做事的自由。

同样，当我们针对不同趋向的人们运用他们各自尤其珍视的价值观时，我们所做的一切就有可能具有更强的说服力：

- 支持者重视自我管理和表现。
- 怀疑者强调理由和目的。
- 守义者看重团队精神和责任。
- 叛逆者珍视自由和自我认同。

由于四种趋向的人看待世界的方法如此不同，因此不存在什么神奇的、绝对适用的灵方妙法可供我们影响自己和他人。我坚持有规律地健身，是因为这是在待办清单上列明的；怀疑者则可以如数家珍地讲出一大堆健康的好处；守义者坚持每周骑行是因为他找到了一同锻炼的伙伴；叛逆者跑步是因为她觉得这才适合她，她要的就是跑出去的感觉。

我的怀疑者型的父亲告诉我他是如何戒烟的："我和你母亲那时很缺钱，我就算了一笔账，看看要是我不买烟抽能省多少钱，要是再把这笔钱投资出去，那又能挣多少钱。"与此不同，一位守义者型的朋友戒烟，则是想到要对其襁褓中的儿子负责："既然有了儿子，那就再不能傻傻地冒健康上的风险了。而且，我还想做一个模范好爸爸呢。"一位叛逆者对自己说："我可不想当烟瘾的奴隶。"

理解了四种性格趋向，就有助于我们发现相互帮助的正确方法，那就是每个人都需要扮演好各自的角色。譬如，对于糖尿病患者来说，最重要的就是要坚持吃药、正确饮食、锻炼及找医生看病。我妹妹伊丽莎白患有 1 型糖尿病，她告诉我："帮我治糖尿病的医生对我说，有些人不再到他这儿来看病了，因为他们说他'人太好了'。"

"什么叫'人太好了'？"我问。

"对他们不够狠呗，哪怕他们不能完全按医嘱做到该做的事。"

"我敢说，那些人一定是守义者，他们需要别人督责！"我说，"就你而言，只要定期约你的医生看病，这样就足够形成督责了，但有些守义者就需要更多的影响。他们换医生就是要得到更多的督责。"如果我妹妹的医生对四种趋向了然于心，他就能够不断地调节与病人之间的关系，以便提供他们所需的那种督责。

医护领域里的部分人已经开始运用四种性格趋向理论。

> 我是一个标准的支持者。我在梅约医疗中心担任临床营养医师，负责门诊（临床）方面的工作。让我搞不懂的是，有些病人就是很难改变他们自己的饮食习惯。他们大部分人都明白，如果能改变饮食习惯的话，他们的病情管控和健康状况都会得到改善，可很多人就是不肯改。了解了四种趋向理论之后，我的思维发生了革命性的改变，我对病人医疗关怀的质量也极大地提高了。

同样，一位心理医生这样说道：

> 我的工作职责是心脏康复，其中的很大一部分工作就是鼓励人们转而接受健康的行为习惯。我现在一眼就能看出什么人

是什么性格趋向。

支持者："这件事应该要完成。我明白了。"

怀疑者："我为什么要做这个？给个证明吧，我需要理由。"

守义者："让你瞧瞧这事儿我能干得多好。"

叛逆者："别跟我说该吃什么，该怎么锻炼。"

一位读者怀着更大的挫败感写道："我喜欢我的理疗医师，我早就告诉她我需要外部督责，可她就是不买账。她坚持要我相信，我需要'动员自己'，并且'为自己做点事情'。当然啦，这肯定没用，我活到现在一次也没有奏效过。只要管用，做什么我都愿意。"

这样的话我已经听到过很多次，我得说，我真是不理解，为什么人们会把需要外部督责看成一个问题，或者更糟，当成一件丢人的事。我自己的感觉就是，不管什么，只要适合你，就好！你只需把它找出来。

人们经常都会想要改变某一种习惯，无论是自己的，还是别人的。那么，当我们试着帮别人改变习惯时，什么才是最常见、最严重的错误做法呢？那就是劝说已经忧心忡忡的那位："你就应该……"

- "如果身体健康对你非常重要，你就应该靠自己锻炼。"
- "如果你确实看重这份工作，那你就应该严格按照我制定的方案做。"
- "如果你想成功地做一次推销，那你就应该遵从这些规则。"
- "如果你尊重我的话，那你就应该按我说的做，而不是讨价还价。"

- “如果你尊重你自己，你就应该找到时间来写作。”

问题的关键不在于什么是我们认为某人（或我们自己）应该做的，而在于什么才是对每一个人真正有用的。为了帮助人们改变他们的习惯或行为方式，我们就需要帮他们找到获得成功所需的东西，无论是更清晰的说明、更多的资讯、更多的外部督责，还是更多的选择。

一位读者写道：“我是一个守义者，我先生是一个怀疑者。直到我对他讲解了你的理论框架之后，他才明白为什么我要他来问我这一天是否吃得健康（作为一种督责）。在那之前，他一直认为我的要求十分古怪，因为如果我想要吃得健康，我干吗不自己下定决心去做呢？”

当我们理解了四种趋向理论，我们就可以设立对每一个人都更加有效的场景。假设有一位经理管理着一支由不同趋向的人组成的团队。在一次会议上，他宣布公司打算启用新的流程体系，他为此做了演示讲解，然后说：“如果你们谁觉得对新的流程体系及公司为何要改用新体系的意图已经听得很明白了，尽可以现在就离开回去工作。要是谁还想了解得更透彻些，你也可以留下，我会回答你们所有的问题。”这样一来，他就为那些不需要进一步解释的人（主要是守义者和支持者）节省了时间，也给其他人（大概多数是怀疑者）提供了适应新变化所需的资讯。叛逆者则是想什么时候离开就什么时候离开。

为了能掌握班上每位学生的学习情况，一位教授可以这样解释对全班提出要求的目的：“这些年来，学生们发现写论文综述有助于积累相关信息，另外，写综述对你们复习备考也大有裨益。”在接下来的学期里，这位教授就可以要求学生每月都发电子邮件给她，这样她便可以了解学生们的写作进度。她可以提供三种作业题目供学生选择，而不是仅仅布置一篇了事。通过运用四种趋向理论，她就能帮助学生们在学业上获得成功。

有些错误是很常见的。在尝试说服别人时，支持者和怀疑者常常会强调搞清楚内设预期的重要性。“你必须确定自己到底想要什么”“你得想清楚自己的真正意图”“搞清楚什么对你最重要，什么最适合你”——非常棒的建议，尤其对其他支持者和怀疑者而言。守义者经常提出这样的理由，譬如“这样会给别人带来不便”“这个你必须做，这是你工作的一部分”“你指望别人来做这件事是不对的”——了不起的理由，尤其对其他守义者而言。

一位教师写道：

> 我认为每个有能力的教师都在运用四种趋向理论，即使他们并没有意识到。举个例子，我的学生年龄在4～5岁，在幼儿园仍然都会小睡一会儿。大多数孩子需要小睡，但又不愿意固定下来。我是这样处理的。
>
> 对支持者说：“我们今天很忙的。你们做了好多事情，我们还有一个游戏，要等我们睡醒了以后再玩儿。所以，我要你们休息好。”
>
> 对怀疑者说：“你们知道我为什么要你们每天都小睡一下吗？”他们的回答五花八门。我就说：“对啦，那你们同意好好休息吗？”（他们都说是，因为他们认为这是有道理的。）

对守义者说：“你们要是能像昨天一样好好地小睡一觉，我会为你们感到骄傲。我知道你们行，而且醒来后你们会感到身体好舒服。”

对叛逆者说：“你们不一定非得小睡，但你们愿不愿意在小床上安静地待上几分钟呢？如果之后你们还不困，你们可以看看书。”（他们很高兴地知道，睡不睡可由自己决定，而毫无例外地，他们最后还是去睡了。）

对四种趋向的反思，清晰地揭示出我们不能很好地与他人相处的原因。由于性格趋向不同，我们相互间经常会搞得对方要发疯。譬如，支持者也许一直对自己的团队成员这样呵斥：“你们只要下定决心去做，那就一定能做好！”怀疑者也许一直给守义者搭档发邮件，探讨有关生产效率的研究。守义者也许会为叛逆者注册为期一周的锻炼课程。而叛逆者也许会规劝支持者停止凡事遵循规则的做派。这些沟通都是错误的，尽管动机不错，但还是会事与愿违。

在有些情况下，基于四种趋向的错误沟通可能是非常危险的。假如遇到警官说：“从车里出来。”怀疑者或叛逆者也许会争辩说“我为啥要出来？”“你哪来的权力要求我这么做？”“我什么也没干，是你逼停我。”“你没法儿命令我。”警官发出的命令越多，他 / 她就越会反抗得起劲。这样一来，现场局面就会迅速升级。

我很喜欢测定那些适合或不适合四种趋向的标识性东西。我们可能会邀请到人们与我们合作，也可能反而激起他们的反感，一切都取决于如何传递言语信息。

要想建构一种对所有四种趋向都适合的导引标识，我们就应当提供资讯、后果和选择。这种三位一体的办法对叛逆者特别有效，当然，如果掌握了资讯和正当的理由，怀疑者也可以更好地与人合作，守义者也是一样，只要他们了解了后果。支持者则趋于遵守规则。

有一次我去拜访一家公司，情不自禁地随手拍了下面这张照片，其中这个挺过分的告示就张贴在女厕所的隔间里。对所有人来说，这告示都难以奏效。

卫生间
守则

要……打扫干净。倒掉垃圾，清洁洗手盆，擦干净洗手盆四周台面上的水渍，坐便器表面无水滴。

要……便后冲水，确认所有污物全部冲走。

要……比爱惜自家的卫生间还要爱惜此卫生间。在办公区域讲礼貌；即便不为自己，也要为他人保持此地干净舒适。

不要…将手纸或其他女性卫生用品丢入马桶；使用卫生间里的垃圾桶。

（感谢协助我们保持卫生间整洁）

这个告示一定出自守义者之手，因为守义者——注意是这位守义者——要求“即便不为自己，也要为他人保持此地干净舒适”。如果想要让叛逆者信服，此话反过来说可能更有效：“即便不为别人，也要为自己保持此地干净舒适。”另外，所有那些强势的“要”和“不要”都可能会让叛逆者，或怀疑者，甚至像我这样的支持者予以抵制。

一份标贴引发抵制可以是如此容易。一位叛逆者写道：“每当我看到‘感谢您不吸烟’之类的标贴，我就想抽烟，尽管我根本就不抽烟！我最讨厌这其中的言外之意，好像他们下了命令，我就得服从似的。”

与之相反，当我在自己最喜欢的纽约社会图书馆写作室里的座位上坐下来，就发现一块指示牌上的措辞很睿智，几乎无须任何润色就能适合所有性格趋向。

适合支持者是因为：规则在此，敬请遵守。适合怀疑者是因为："请勿在此享用食品和饮料"的理由很清楚，食品和饮料会招来虫子，而虫子会损坏图书。适合守义者是因为：图书管理员知道有人曾经破坏了规定，因为已经有蚂蚁出现了，所以住手吧！适合叛逆者是因为：使用写作室的人都是些书呆子，他们很爱惜图书馆，因而他们会选择既保护藏书又尊重管理员的要求——再说啦，又有谁愿意在蚂蚁满地乱爬的地方工作呢？

华盛顿威拉德酒店的卫生间里有一块指示牌，非常适用于支持者、怀疑者、守义者和叛逆者。请注意最后那行加粗字体的文字，简直就是给叛逆者量身定做的。

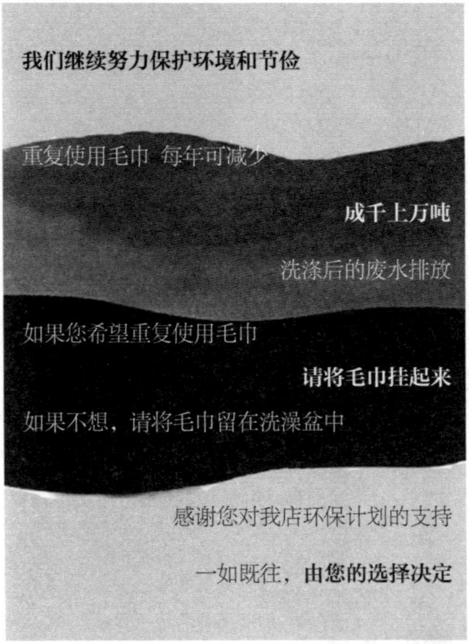

在佛罗里达州阿梅利亚岛上的丽思卡尔顿酒店，显然因为某些客人

不关闭移动门而造成了一定的麻烦。我能想象那些人是怎么想的：“凝水严重要我操心吗？这是酒店的长期问题。可没了空调，或者飞虫乱飞呢？这对我来说可是个大问题。”

> **亲爱的客人**
>
> 请您任何时候都将房间移门关紧
> 佛罗里达极高的湿度
> 将造成严重的凝水和水质破坏
> 如果房门敞开，空调将会关闭
> 飞虫也会飞入您的房间

这一提示牌很好地适应了四种趋向的人们：资讯、后果和选择。再者，采用身份认同的方式永远也不会带来伤害。

为了使重要的信息产生效率，就需要同每一种性格趋向的人形成共鸣。当飓风桑迪即将袭击纽约市之际，迈克尔·布隆伯格市长（Mayor Michael Bloomberg）命令居住于脆弱社区的人们撤离，但有很多人都拒绝离开。这让我这个支持者感到无比惊讶。

那么，作为一市之长，该用怎样的措辞来发布疏散文告，才能说服所有人撤离呢?

支持者只要预期成立就会撤离，因此文告应当明确指出，所有人等都必须离开。支持者用不着过多的劝解。

怀疑者一旦相信此行动合乎情理也会撤离，因此文告应当就飓风将于何时、何地及以何等的破坏力来袭做出充分的解释，并指出危险所在，详细说明为什么必须撤离、为什么那些具体的社区会有危险、为什么即便建筑精良或已经加高的家园也依然有危险。文告还应当转述包括气象学家、工程师和建筑师在内的专家们的意见。要尽量避免将此次飓风与以往的飓风做对比，因为如果有人在那次飓风中安然无恙，他 / 她就会认为此次飓风也不会比上次更危险。

守义者只要有外部督责就会撤离，因此文告应当强调，任何不撤离的行为都将会置家人和现场救援人员于危险的境地，城市工作人员将完全掌握居民是否撤离的情况，而对于拒绝撤离的人员将予以惩处。文告应当提醒人们，他们有义务保证家人和邻居的安全，并争当实践优秀市民准则的楷模。文告还应当强调，关爱他人（包括宠物）的最好方法就是找到撤离的途径。

叛逆者十分厌恶别人告知他们做事，但如果待在原地不走会限制其自由和舒适的话，他们也非常愿意撤离。文告应当强调，那些留下不走的人们将会被困在当地数日，其间，家里的条件往轻里说会很难受，往重里说会很危险，比如，将面临停电、停水、没有电梯、没有公共交通的窘况，甚至连中餐外卖也没有。

另外，布隆伯格市长还应当告知民众，他们的名字都将被登记在册。因为无论我们属于何种趋向，一旦行动处于匿名状态，我们的表现都有可能判若两人。

由于我偏好探索引导标识与四种趋向的关联，所以总是喜欢在拜访公司时钻到厨房去瞄一眼。那些贴在冰箱和水槽上的提示标贴，绝妙地揭示出为什么有时候我们很容易被说服，而有时候就根本不买账。在“更佳”应用上，我发起了一项有关性格趋向的热烈辩论，讨论题目就是“关于办公室厨房水槽里的脏盘子：什么才是最好的提示标贴？”

一位守义者的建议是这样的：

> 多谢你关照自己的盘子。把盘子放进洗碗机。如果洗碗机已满，清空后再放。如果洗碗机正在运转，把洗好的盘子留在水槽里，过会儿再来打理。这里没有你母亲跟在后面帮你清洗。

我想，这标贴注定行不通的原因简直太多了。

有些很好的主意根本就不需要标贴。譬如，给每个人一个私人专属的杯子。打理“我的杯子”的动力肯定更足——再说也不可能匿名逃开了。

但是关于引导标贴，我们的集体结论是，优胜方案当属资讯 + 后

果 + 选择模式，又或者完全不用标贴——最佳者莫过于，幽默。一个幽默的标贴可以使亮点闪现，有信息量，好记忆，还不会引发抵制。《呆伯特》或《纽约客》杂志上的卡通形象，若选用得当，一定比一段文字指引更有效果。我记得曾在一个游泳池见到这样一个标贴：“我们不是在你的马桶里游泳。请勿于我们的泳池中小便。”对于办公室厨房，有位叛逆者建议写这样一张告示：“如果厨房能保持整洁，我们就拿掉要求大家保持厨房整洁的标贴。”

几乎在所有的情况下，构建适合四种趋向的预期都能够带来更多的合作和成功，而且磕磕碰碰也更少。在大多数案例中，当我们试图影响别人时，我们可以采用在我们身上也同样奏效的那些策略。然而，四种趋向理论却可以帮助我们，为别人提供他们，而非我们，所需的东西。这样，我们就能够更加和谐地一起工作。

第十三章

幸福从学会驾驭开始

> 正如咖啡能够生长在7 000英尺[①]以下，而雪杉能够生长在7 000英尺以上，我想，每个人也同样需要有某种类型的土壤、温度和海拔高度。这对某些人可能限定得很苛刻，而对另一些人则普遍适用。这能使那另一些人感到自由和快乐，也就是说，可以自由地将自己的本性发展到其能够为之的极致。我相信，无论是在特拉比斯特派修道院，还是在柏林的法院，一个人都能感受到彻底的自由。但一个人必须具备一种非凡的、异乎寻常般高尚的人格，才能在这两个地方都感受到彻底的自由。
>
> ——伊萨克·迪内森（Isak Dinesen），信，1923年8月19日

我们的性格趋向塑成我们的经验和观念。我们以不同的方式响应周遭的各种条件和语言，我们在不同的环境中成长壮大。

---

① 1英尺约为0.3米。——编者注

但是，无论我们的趋向是哪一种，随着经验和智慧的不断增长，我们都能够学会驾驭其所具有的力量，并抵消其负面因素的影响。

一天下午，在我结束了一场关于四种趋向理论的演讲之后，一位男士问我："哪一种趋向能使人最幸福？"我惊异地发现，这一如此显而易见的问题我竟然从来也没有想过。"还有，"他继续问了同样显而易见的第二个问题，"哪一种趋向才是最成功的？"

我意识到，答案是——事实上也经常就是："因人而异。"这取决于每一个具体的人如何处理其性格趋向的正反两面。最幸福和最成功的人，一定是那些不仅找到了正确的途径来朝着有利的方面拓展自己的趋向，而且同样重要的，也找到了正确的途径来弥补自己的性格缺陷的人们。对我们而言，任何人都有可能一步步地创造出自己想要的生活，但必须是以适合我们的正确方式来进行。

美国小说家兼叛逆者约翰·加德纳（John Gardner）的一句话一直在我心头萦绕："每时每刻你打破你付钱的规则，每时每刻你遵循你付钱的规则。"支持者、怀疑者、守义者和叛逆者，我们大家都必须努力克服我们的趋向所带来的一切后果，也即趋向的优势与劣势、趋向的小毛病和趋向的各种挫折。

当我们了解了自己的性格趋向，我们就能够更好地掌握如何、何时，以及为何付钱——还有如何创建我们想要的生活。

致 谢

写作本书是多么令人开心啊！我要感谢许许多多的人，感谢他们的帮助，感谢他们在理解四种趋向方面的真知灼见。

首先，感谢我的家人——他们数年来几乎天天都要听我谈论四种趋向。

感谢我精明能干的经纪人克里斯蒂·弗莱彻（Christy Fletcher），还要感谢弗莱彻公司的赛尔维·格林伯格（Sylvie Greenberg）、格兰尼·福克斯（Grainne Fox）、萨拉·富恩特斯（Sarah Fuentes）和崔敏（Mink Choi）。

感谢我出类拔萃的责任编辑玛丽·雷尼克斯（Mary Reynics），也感谢非凡的团队成员黛安娜·巴洛尼（Diana Baroni）、萨拉·布雷沃盖尔（Sarah Breivogel）、朱莉·赛普勒（Julie Cepler）和艾隆·维纳（Aaron Wehner），以及在四种趋向的研究中与我一同工作过的每一个人。

还要感谢“两条道路”（Two Roads）的丽莎·海顿（Lisa Highton）。

贝丝·拉什鲍姆（Beth Rashbaum）付出了巨大的劳动，帮助我把纷杂的想法清楚地表达出来。

“阿佩利奥视野”（Aperio Insights）事务所的麦克·考特尼（Mike Courtney）和阮娟（Quyen Nguyen）完成了一项非凡的工作，设计并指导了四种趋向的调查问卷。

感谢“沃西营销”（Worthy Marketing）公司的杰出人士——杰米·约翰逊（Jayme Johnson）、乔迪·玛切特（Jody Matchett）、戴维·斯特鲁夫（David Struve）以及那里的所有人。

感谢克里斯托·艾勒弗森（Crystal Ellefsen）每天帮我把写好的文字传播

到世界各地。

“巨型网络”（Mighty Networks）公司创建、运维和指导了“更佳”（the Better）应用软件。非常感谢吉娜·卞奇妮（Gina Bianchini）、奥德拉·林赛（Audra Lindsay）、布莱恩·乌（Brian Vu）、瑞秋·马斯特斯（Rachel Masters），以及“巨型网络”的所有员工。

在网络直播方面，我要感谢“盛典”公司杰出的员工们：我们了不起的节目制作人克里斯滕·迈因策尔（Kristen Meinzer）、前制作人亨利·莫洛夫斯基（Henry Molofsky），以及安迪·鲍尔斯（Andy Bowers）和劳拉·迈耶尔（Laura Mayer）。最后，我还要感谢我的共同主持人，我的妹妹伊丽莎白·克拉夫特（Elizabeth Craft）。

快速测试性格

许多读者都要求得到一种快速、非正式的方法来判定出某人的性格趋向。

这种要求我从形形色色的人们那儿都听到过，包括需要做出聘用决定的公司经理、想要深入了解学生的教师、想要让自己的方法更适合不同的病人的医护专业人士、初次约会想评估潜在对象的人，甚至那些想利用四种趋向理论来打破鸡尾酒会僵局的人。

有一些问题可以让你强烈地感受到某人的性格趋向。重要的是，并非要听具体的“回答”，而是要特别注意人们的解释及他们所使用的言语。人们的回答没有那么重要，重要的是他们思考这个问题的方式。

由于四种趋向交互重叠，故有可能两个不同趋向的人对某个具体问题的回答完全一样。

请注意，怀疑者和守义者是两个包含人数最多的趋向，所以多数情况下，你所打交道的都是怀疑者或守义者。

当然，根据不同的情况，人们也许并不会实话实说，因为人们害怕诚实的回答会对自己有所不利。

问题一：你觉得新年规划如何？

一般来说，支持者青睐新年规划，也会在其他时间制定类似的规划。怀疑者会制定和遵守新年规划，但他们往往反对新年规划从元旦开始，认为确定日期太过刻意，而且要等到了日子再开始也没有效率。

守义者经常说，他们已经不再制定新年规划了，因为过往失败的例子太多。或许即便他们制定了新年规划，也常常不去执行。

总的来说，叛逆者不会让新年规划束缚住自己的手脚。偶尔，叛逆者也许会兴之所至地制定一个，但强调这是因为他们想要这么做，也乐于这么做，他们喜欢挑战。

问题二：想象一下，你在墙上看到一张告示，上面写着“禁用手机”，而我却拿出手机用了起来。你对此做何感想？

支持者会说，他们觉得很不舒服。

怀疑者会分析这条规则可能的合理性及是否经过批准。如果他们认为此规则毫无道理，他们才不在乎有人打破它。

守义者会说，他们会感到不舒服，并进而解释说，在公共场合使用手机会让他人感到不便和生气，说不定还会被别人呵斥。

叛逆者会说，他们对此根本无所谓。他们也许还会为规则被打破而感到快慰。

问题三：你会为了好玩而注册一个免费课程吗？如果你会，那么让我们假设你的亲人这样对你说：“你上那个课程，对我很不方便。”你对此会如何应对呢？

大多数人都会说些诸如此类的话，譬如，“这要看为什么会不方便，不方便到底到什么程度，我上这个课程对我有多重要”。我们假定这个课程给另外那个人带来的不便微乎其微。

支持者倾向于回答说，他们一定会上这个课程。他们想上，也会为此注册。他们对给别人带来些微不便表示遗憾，但依然不改初衷。他们强调坚持计划的重要性，也会有始有终地达成给自己设立的预期。

怀疑者，同上。但是，怀疑者首先会聚焦于他们决定上这个免费课程的各种理由和解释。

守义者一旦认为有可能给他人带来不便，他们就会动摇。这个外设预期会非常痛苦。

叛逆者会说，如果觉得不喜欢，他们就不会去。他们也许还会指出，他们才不会去注册一个课程——他们怎么知道那天会不会高兴做这件事呢？就算他们的确也注册了，如果觉得不喜欢，他们也还是照样不会去上课的。

问题四：回想一下，你记不记得什么时候曾成功地改变了一个重要的习惯?

如果谁回答说‘好多年来，我每天早晨都和邻居一起散步，可她搬走了，我也就不再散步了’，那这人应该就是守义者；要是回答说，“我阅读了大量关于力量训练的重要性的新的研究成果，我现在按时进行力量训练”，那一定是怀疑者；若说“我啥时候高兴跑步了，就会去跑”，那准是叛逆者；支持者的例子就更多了。

问题五：你觉得完成自己的待办清单容易吗？别人的待办清单呢?

支持者完成自己的待办清单和完成别人交代的待办清单一样容易。

怀疑者完成自己制定的待办清单更容易。

守义者完成别人交代的待办清单更容易。

叛逆者通常无视待办清单，而且还会甩出一个叛逆者的观点，譬如，“我有一个跑步的待办清单，而且当我想做家务事的时候，我也会做，但一切都要看我是不是有心情”。

你甚至还可以问一些更简洁的问题：

问题六：是否有人说你一根筋?

“是”代表支持者。

问题七：是否有人说你问的问题太多了?

“是”代表怀疑者。

问题八：你是否同意，我们对他人所做的承诺不应该违背，但对自己的承诺则可以?

“是”代表守义者。

问题九：你是否觉得有些跟规则对着干的事情更好玩？

“是”代表叛逆者。

每一种性格趋向都会有一个至关重要的问题：

- 支持者问：“我应该做这个吗？”
- 怀疑者问：“这有意义吗？”
- 守义者问：“这对别人重要吗？”
- 叛逆者问：“我就是想做这样的人吗？”

关于四种趋向的其他资料

我还有许多其他的材料，可帮助你深入理解和使用四种趋向理论。

最主要的附加资源就是“更佳”应用软件，在本书第 263 页上有专门的描述。“更佳”应用软件让你能够运用四种趋向理论来驾驭四种趋向，实现自己的目标（或帮助他人实现他们的目标），进而使自己的生活变得更美好。“更佳”应用软件还使组织和参加督责小组更容易。

我创建了两种总结指南，可作为快速查阅四种趋向理论的参考。如果需要 PDF 版本，可至网址 gretchenrubin.com 下载，也可通过电子邮件向我索取：

- 《四种趋向闪测》——帮助你于不经意间快速确定某人的趋向。
- 《四种趋向概览》——对四种趋向的优势、劣势及行为模式的综合概述。

你还可以通过电子邮件向我索要：

- 《四种趋向研讨指南》——适合读书小组、工作小组、基于信仰和精神的小组、工作坊、督责小组等。
- 专为发起督责小组准备的《新手套装工具》。
- 《其他性格理论读本》——如果你和我一样喜欢优秀的性格理论著述，你就会对其他这些著作感兴趣。

我还经常在我的博客（gretchenrubin.com）上发表有关四种趋向的文章，

我还经常和我的共同主持人和妹妹伊丽莎白在网络直播节目“格雷琴教你更幸福”中讨论这一理论。譬如，在第 35、36、37、38 期节目中，我们逐一探讨了四种趋向中的每一种趋向。

“更佳”应用软件

得益于“巨型网络”公司的杰出团队，我创建了“更佳”这个应用软件。该应用软件的全部目的就是要让你运用四种趋向理论来使你的生活更美好。“更佳”帮助你运用四种趋向理论过上更好的生活，同时也让你能够更加有效地帮助和说服别人。我很难从与别人在这一应用软件上的对话中抽身而出；人们在对话中所展现的观点、经历和灵感是如此迷人。在“更佳”应用软件上你可以：

- 参加根据你的特定趋向而量身定做的督责小组。守义者们，你们知道你们就需要这个！督责与你如影随形，就在你的衣服口袋里。
- 与其他守义者、怀疑者、支持者和叛逆者相会，以取得有助于你的趋向——也包括其他人的趋向——正确发展所需的支持、鼓励和好点子。
- 参加与四种趋向相关的主题讨论，包括：

  工作与职业

  生产力

  孩子及如何做家长

  指导团队、病人和客户

  爱和人际关系

  如何实现目标

  四种趋向之意趣（这是真正让我妙想联翩的地方）

  建立良好的习惯

  督责机制

身体更加健康

需要更多资讯，请至网站 www.BetterApp.us 查询，或至应用商店寻找“Better Gretchen Rubin”（格雷琴“更佳”应用）。

注 释

有关电子邮件、博客文章，以及其他个人描述的注释：尽管我改变了一些标志性的细节，并出于简洁和篇幅的考虑而对评语进行了编辑，但所有本书中出现的实例都源自真人真事。

我决定就这一理论架构进行一次全国性的典型性抽样调查，于是检测了地域分布广泛的一群不同性别、不同年龄和不同收入的美国成年人。

第一章　四种趋向

1. 为了测试关于四种趋向的观察结果……“阿佩利奥视野”做了一次针对全美成年人的量化抽样调查，受调查人员地域分布广泛，来自不同性别和年龄，同时家庭收入也不同。此四分钟的在线调查于 2016 年 7 月 18 日至 8 月 2 日在网上开展。

第三章　理解支持者

1. 一项关于脸书状态更新的调查……请见马特 · 休斯顿（Matt Huston）所著《状态更新不会说谎》一文，载于 2015 年 7 月 8 日《今日心理学》网站 https：//www.psychologytoday.com/articles/201507/status -updates-don-t-lie.

第五章　理解怀疑者

1. 有 26% 的医生都认可此陈述的一项调查……详情可见 http：//www.consumerreports.org/health/resources/pdf/best-buy-

drugs/money-saving-guides/english/Drug ComplianceFINAL.pdf.

2. 例如，具有传奇色彩的企业家和商界领袖史蒂夫·乔布斯……详见 Walter Isaacson，Steve Jobs（New York：Simon & Schuster，2011），pp. 43，453-456.

第七章 理解守义者

1. 和督责搭档一道参加减肥训练计划的人……参见 Kelly McGonigal，The Willpower Instinct：How Self-control Works，Why It Matters and What You Can Do to Get More of It（New York：Avery，2013）.

2. 当孩子们被训练成“变化监督员”时……参见 Nalika Gunawardena，et al.，“School-based Intervention to Enable School Children to Act As Change Agents on Weight，Physical Activity and Diet of Mothers：A Cluster Randomized Controlled Trial，” International Journal of Behavioral Nutrition and Physical Activity 13（2016）：45.

第九章 理解叛逆者

1. 一篇有关婚姻伴侣、家务事和挣钱的文章……参见 Claire Cain Miller and Quoc Trung Bui，“Rise in Marriages of Equals Helps Fuel Divisions by Class，” New York Times，February 27，2016，A1.